计量检测技术与应用丛书

燃气计量检测技术与应用

主　编　黄冬虹
副主编　文　明　刘　丹
参　编　唐　宇　耿　平　于世涛　赵琪锋　兰玉明　朱运起
主　审　高顺利

机 械 工 业 出 版 社

本书全面系统地介绍了燃气流量测量的各种方式、原理、量值溯源及相关燃气流量计量检测技术。本书主要内容包括：燃气流量计量基础，燃气流量计量仪表，测量数据的处理，燃气流量计量的量传，计量标准装置，燃气流量计量标准的建立，计量标准考核的申请，计量标准的考评、考评后的整改及后续监管，常用气体流量标准装置简介，燃气能量计量。本书紧贴城市燃气供应中的燃气计量管理实际，内容翔实，图文并茂，实用性强，可帮助读者快速掌握城市燃气计量检测的相关技术。

本书可供城市燃气计量设计人员、施工人员和管理人员，以及气体流量校准与检定人员使用，也可供相关专业的在校师生参考。

图书在版编目（CIP）数据

燃气计量检测技术与应用/黄冬虹主编. —北京：机械工业出版社，2021.9

（计量检测技术与应用丛书）

ISBN 978-7-111-68972-0

Ⅰ.①燃…　Ⅱ.①黄…　Ⅲ.①城市燃气－计量②城市燃气－检测　Ⅳ.①TU996

中国版本图书馆 CIP 数据核字（2021）第 166018 号

机械工业出版社（北京市百万庄大街 22 号　邮政编码 100037）
策划编辑：陈保华　责任编辑：陈保华　安桂芳
责任校对：樊钟英　封面设计：马精明
责任印制：李　昂
北京富博印刷有限公司印刷
2022 年 1 月第 1 版第 1 次印刷
184mm×260mm · 11.25 印张 · 1 插页 · 281 千字
0 001—2 500 册
标准书号：ISBN 978-7-111-68972-0
定价：59.00 元

电话服务　　网络服务
客服电话：010－88361066　　机　工　官　网：www. cmpbook. com
　　　　　010－88379833　　机　工　官　博：weibo. com/cmp1952
　　　　　010－68326294　　金　　书　　网：www. golden－book. com
封底无防伪标均为盗版　　机工教育服务网：www. cmpedu. com

丛书编审委员会

张　青　北京协和医院消毒供应中心　执行总护士长
张宝忠　中国水利水电科学研究院水利研究所　副所长
张俊峰　苏州市计量测试院　院长
季启政　中国航天科技集团五院514所静电事业部　部长
周秉直　陕西省计量科学研究院　总工程师
郑安刚　中国电力科学研究院计量研究所　总工程师
胡　波　国家海洋标准计量中心计量检测中心　高级工程师
黄希发　国家体育总局体育科学研究所体育服务检验中心副主任
焦　跃　北京节能环保促进会　副会长
管立江　大同市综合检验检测中心　主任
薛　诚　中国医学装备协会医学装备计量测试专业委员会副秘书长

本书编审委员会

本书合作企业

丛书序

计量是实现单位统一、保证量值准确可靠的活动，关系国计民生，计量发展水平是国家核心竞争力的重要标志之一。计量也是提高产品质量、推动科技创新、加强国防建设的重要技术基础，是促进经济发展、维护市场经济秩序、实现国际贸易一体化、保证人民生命健康安全的重要技术保障。因此，计量是科技、经济和社会发展中必不可少的一项重要技术。

随着我国经济和科技步入高质量发展阶段，目前计量发展面临新的机遇和挑战：世界范围内的计量技术革命将对各领域的测量精度产生深远影响；生命科学、海洋科学、信息科学和空间技术等的快速发展，带来了巨大计量测试需求；国民经济安全运行以及区域经济协调发展、自然灾害有效防御等领域的量传溯源体系空白须尽快填补；促进经济社会发展、保障人民群众生命健康安全、参与全球经济贸易等，需要不断提高计量检测能力。夯实计量基础、完善计量体系、提升计量整体水平已成为提高国家科技创新能力、增强国家综合实力、促进经济社会又好又快发展的必然要求。

计量检测活动已成为生产性服务业、高技术服务业、科技服务业的重要组成内容。“十三五”以来，我国相继出台了一系列深化检验检测改革、促进检验检测服务业发展的政策举措。随着计量基本单位的重新定义，智能化、数字化、网络化技术的迅速兴起，计量检测行业呈现高速发展的态势，竞争也将越来越激烈。这一系列变化让计量检测机构在人才、技术、装备等方面面临着前所未有的严峻考验，特别是人才的培养已成为各计量检测机构最为迫切的需求。

本套丛书围绕目前计量检测领域中的常规专业、重点行业、新兴产业的相关计量技术与应用，由来自全国计量和检验检测机构、行业科研技术机构、仪器仪表制造企业、医疗疾控等单位的技术人员编写而成。本套丛书可为计量检测机构的技术人员和管理人员提供技术指导，也可为科研机构、大专院校、生产企业的相关人员提供参考，对提高从业人员整体素质，提升机构技术水平，强化技术创新能力具有促进作用。

丛书编审委员会

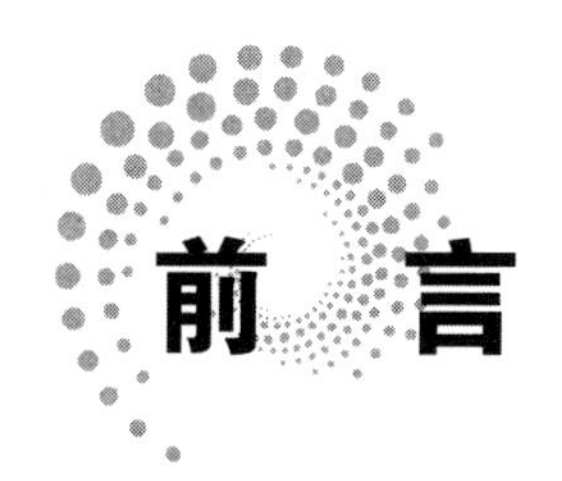

我国城市燃气已走过蓬勃发展的30多年，城市燃气用气人口从不足5000万人增长到6亿人，城市天然气消费量从不到60亿m^3增长到1227亿m^3，城镇燃气管网里程从不足2万km增长到70万km。国内天然气消费量从144亿m^3增长到近2400亿m^3，在能源结构中的比重也达到了7.3%。城市燃气事业的蓬勃发展离不开计量仪表的准确计量，燃气仪表的计量准确性也直接影响人民的切身利益，维护量值统一和公平计量是所有计量人的职责和义务所在。燃气计量技术的飞速发展涉及机械、流量、通信、压力、温度、色谱以及信息化等诸多领域，传统的计量技术已不能满足行业的需求，综合了多领域技术的智能仪表成为应用热门，而NB－IOT（窄带物联网）等通信技术、信息化安全技术、大数据平台成为智能仪表的标准配置，使燃气行业走上了智慧燃气的道路。

本书由作者结合自己多年的燃气计量一线基础工作、计量科研和计量应用管理经验编写而成，分别从燃气流量技术基础、计量标准量传、计量建标考核等方面详细介绍了燃气计量技术及应用，部分章节也提供了一些燃气流量计量方面的实际案例，以供参考和学习。本书共10章：第1章为燃气流量计量基础，主要介绍了在燃气行业中常用的计量术语和单位、物性参数、特征方程等气体计量的基础知识；第2章为燃气流量计量仪表，全面介绍了目前燃气流量计量的所有常用流量计类型和配套计量仪表，并简要介绍了仪表选型、安装、运行、维护、检定等全生命周期的管理；第3章为测量数据的处理，介绍了测量实验数据的一般处理以及测量结果的表示等内容；第4～8章详细讲述了燃气流量计量的量传、计量标准装置、建标考核及其监管等方面的内容；第9章为常用气体流量标准装置简介，介绍了pVTt法、mt法、标准表法以及天然气实流检测循环装置等八种常用气体流量标准装置；第10章为燃气能量计量，主要从未来燃气能量计量的角度介绍了燃气的能量测量计算、组分分析、常用分析仪表及溯源等内容。

本书由黄冬虹担任主编，文明、刘丹担任副主编，高顺利任主审。参编人员有唐宇、赵琪锋、耿平、于世涛、兰玉明、朱运起。其中，第1章、第4章和第5章由文明编写，第2章由耿平、于世涛编写，第3章由黄冬虹、唐宇编写，第6～8章由刘丹编写，第9章由于世涛、兰玉明、朱运起编写，第10章由赵琪锋编写。全书由黄冬虹统稿。

由于编者水平有限，书中难免有不妥之处，敬请读者指正。

编 者

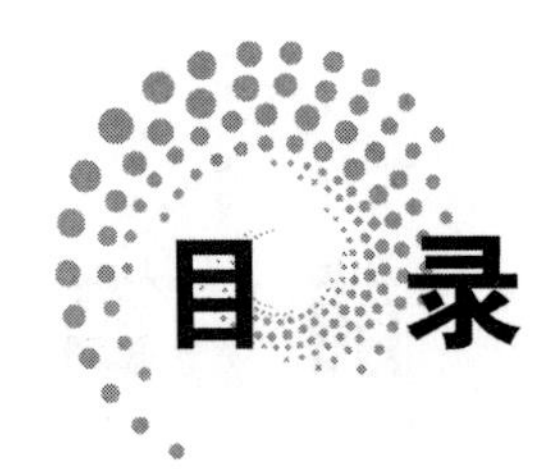

目录

第1章 燃气流量计量基础

1

流量测量是研究物质量变的科学，质量互变规律是事物联系发展的基本规律，因此其测量对象已不限于传统意义上的管道液体，凡需掌握量变的地方都有流量测量的问题。流量测量的发展可追溯到古代的水利工程和城市供水系统。古罗马恺撒时代已采用孔板测量居民的饮用水水量，我国著名的都江堰水利工程应用宝瓶口的水位观测水量大小，公元前1000年左右古埃及用堰法测量尼罗河的流量，17世纪意大利科学家埃万杰利斯塔·托里拆利发现差压式流量计的理论基础等，这些都是流量测量发展史上的里程碑。自那以后，流量测量的许多类型仪表的雏形开始形成，如堰、示踪法、皮托管、文丘里管、容积、涡轮及靶式流量计等。

流量测量与国民经济发展和人民生活有着千丝万缕的联系，从居民家里用于收费计量的煤气表、水表和热量表，到国内进出口的原油、天然气贸易结算等无不与流量测量有关。流量测量依据流体介质的形态一般分为液体流量计量和气体流量计量两类。气体流量计量涉及能源贸易结算、环境监测等诸多领域，燃气流量计量就属于气体流量计量中的一类。

1.1 常用计量术语

气体流量计量比较常用的术语包括流量、瞬时流量和累积流量等，而燃气流量计量，按照计量结果的不同，又可分为体积流量、质量流量和能量流量三类。因此燃气流量计量领域常用的术语有：

1. 流量

流体流过一定截面的量称为流量。流量也是瞬时流量和累积流量的统称。在一段时间内，流体流过一定截面的量称为累积流量，也称总量。当时间很短时，流体流过一定截面的量与时间的比值称为瞬时流量。流量用体积表示时称为体积流量，用质量表示时称为质量流量。

瞬时流量一般用符号 q 表示，累积流量一般用 Q 表示。质量流量一般用下标 m 表示，而体积流量一般用下标 V 表示，即：q_m表示瞬时质量流量，q_V表示瞬时体积流量；Q_m表示累积质量流量，Q_V表示累积体积流量。

2. 瞬时流量

如果流动不随时间显著变化，则称之为定常流，式（1-1）中的 Δt 可以取任意单位时间。如果流动是非定常流，即流量随时间不断变化，则式（1-1）中的 Δt 应足够短以致可以认为在该段时间内流动是稳定的。

$$q_V = \frac{\Delta V}{\Delta t} = \rho\mu A \qquad (1\text{-}1)$$

式中 q_V——瞬时体积流量（m^3/s）；

ΔV——流体体积（m^3）；

Δt——时间差（s）；

ρ——流体密度（kg/m^3）；

μ——平均流速（m/s）；

A——管道横截面积（m^2）。

在实际应用中，瞬时流量是短时、简易判断流量仪表工作状况的重要指标。通过核对用气器具的热负荷与瞬时流量，可大致判断流量仪表的适用性及工作状态。

3. 累积流量

在一段时间内，流体流过管道横截面的总量称为累积流量，也称总量，为瞬时流量对时间的积分，数学表达式为

$$V = \int_{t_1}^{t_2} q_V \mathrm{d}t \qquad (1\text{-}2)$$

$$m = \int_{t_1}^{t_2} q_m \mathrm{d}t \qquad (1\text{-}3)$$

式中 q_V——瞬时体积流量（m^3/s）；

q_m——瞬时质量流量（kg/s）；

t_1——起始时间（s）；

t_2——终止时间（s）。

4. 体积流量

单位时间内气体通过封闭管道或敞开槽有效截面的流体体积称为体积流量。燃气体积流量的计量是以“标准立方米”为单位的，目前城市管道天然气基本使用体积流量计量方式进行贸易结算。

5. 质量流量

单位时间内气体通过封闭管道或敞开槽有效截面的流体质量称为质量流量。燃气质量流量的计量是以“千克”为单位，主要应用于液化天然气（LNG）和压缩天然气（CNG）的计量中。

6. 能量流量

天然气的能量取决于两个因素：天然气体积或质量流量和单位发热量，所以其能量流量是天然气体积或质量流量和单位发热量的乘积。燃气能量流量的计量是以“热值（kJ、MJ）或能量（kW·h）”为单位。能量流量主要用于大宗天然气进出口贸易及国内门站的计量交接。

7. 流量计

测量管道中流量或总量的仪器称为流量计。

测量体积流量的流量计为体积流量计，如涡轮流量计、腰轮流量计等；测量质量流量的流量计为质量流量计，如科里奥利质量流量计、热式流量计等。各类型流量计根据其测量原理不同，又可分为速度式流量计、容积式流量计、差压式流量计等。

8. 流量范围

符合流量计计量性能要求的最大流量和最小流量所限定的范围称为流量范围。流量范围、最大流量、最小流量一般在流量计铭牌上标明。

9. 工况流量

现场流量仪表显示的均为工况流量，表示现场工况条件下的流量。部分智能仪表取消了工况流量的显示，直接显示经过温度、压力修正后的标况流量。

10. 标况流量

在测量和计算天然气时，在压力p_0为101.325kPa、温度T_0为20℃（293.15K）的条件下测量的流量值称为标况流量，单位为m^3/h，此时的条件称为标况条件。

注：标况流量是GB/T 19205—2008《天然气标准参比条件》中的定义。在实际应用中，标况流量是根据现场实际温度和压力情况对工况流量进行相应补偿修正后所显示在二次仪表中的值。

11. 仪表系数

仪表系数为单位体积流体流过流量计时，流量计发出的信号脉冲数，或单位体积流量流过流量计时，流量计发出的信号脉冲频率，常用字母K表示，其计算公式为

$$K=\frac{N}{V}=\frac{f}{q_V} \tag{1-4}$$

式中　K——流量计仪表系数（$1/m^3$）；

N——流量计发出的脉冲数（次）；

V——通过流量计的流体体积（m^3）；

f——流量计发出的脉冲频率（Hz）；

q_V——通过流量计的体积流量（m^3/s）。

仪表系数K是流量计流量特性的主要参数，直接影响示值的准确度。每块仪表的仪表系数都是不同的。同一仪表，其首次、周期检定（校准）装置检定得到的仪表系数也可能不一样。当一台流量计通过改变其仪表系数使各个检测点的误差均小于最大允许示值误差时，可判定该流量计在改变后的仪表系数条件下是合格的。对于机械型流量计，检定后需修改仪表系数时，还应对应调整机械显示的齿轮传动比，使其机械显示数值和电子显示数值一致。

12. 空气标定

在流量实验室的标准参比条件状态下，以空气为介质对燃气表或气体流量计进行的流量标定称为空气标定，简称空标。目前国内大多数流量实验室主要以空气为工作介质在常压下标定。

13. 实流标定

在接近于工况条件状态下，以天然气为介质对燃气表或气体流量计进行的流量标定称为实流标定。目前国内实流标定流量计主要以天然气为工作介质的直排方案，利用输气管线上游的自身压力和气量，在正压下标定流量计，之后工作介质进入低压管线或下游低压区。

14. 干式标定

干式标定，简称干标，主要对超声波流量计的实流标定而言，是指在测量静止气流状态下将所测得的声速和理论声速做比对。

干标时，工作介质可以采用空气，也可以采用氮气。干标有时需要在表体法兰两端加装

盲法兰，加压到相应压力后进行，也可以在常压下进行。

15. 离线标定

离线标定是指将流量计从使用现场拆卸后，送至具有一定资质的流量实验室进行的检定或校准。目前，国内普遍使用离线标定法对流量计进行检定或校准。

16. 在线标定

相对离线标定而言，在线标定是指在生产条件不能满足流量计拆卸时，安排流量计在使用现场管线上进行的检定或校准。

1.2 计量单位

用以定量表示同种量的量值而约定采用的特定量称为计量单位。它是伴随着生产与交换的发生、发展而产生的。随着社会进步和科学技术的发展，要求计量单位及其量值必须稳定统一，以维护正常的社会经济活动和生产活动秩序。

计量单位有明确的名称、定义和符号，并命其数值为1。计量单位的符号简称单位符号，它是表示计量单位的约定记号。在国际单位制（SI）中，计量单位由基本单位、辅助单位和导出单位三部分组成。

1. 我国法定计量单位

1984年2月27日，国务院发布了《关于在我国统一实行法定计量单位的命令》，要求我国的计量单位一律采用《中华人民共和国法定计量单位》。1986年，我国颁布了《中华人民共和国计量法》，其中第三条规定“国际单位制计量单位和我国选定的其他计量单位，为国家法定计量单位。”

《中华人民共和国计量法》明确规定，国家实行法定计量单位制度，将法定计量单位制度通过法律的形式进行了确定。我国的法定计量单位是以SI为基础，根据我国的实际情况适当地选用一些非国际单位制单位构成的，如图1-1所示。

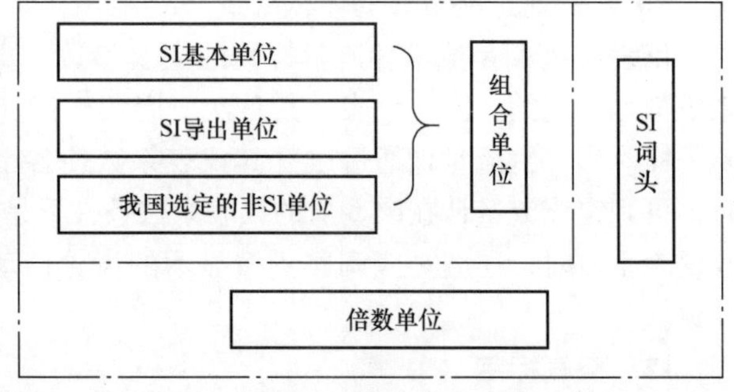

图1-1 我国法定计量单位的组成

2. 涉及的法定计量单位

我国燃气流量计量常用的法定计量单位名称和符号见表1-1。

表1-1 我国燃气流量计量常用的法定计量单位名称和符号

名称	符 号
长度	m
时间	s
温度	K、℃
质量	kg
容积	L、m^3
压力	Pa、kPa、MPa
流量	L/s、L/h、m^3/s、m^3/h、kg/s、kg/h

1.3　气体物性参数

流体的计量特性受被测介质的压力、温度、压缩性和热膨胀性等诸多因素影响，所以流量计量的过程是一个比较复杂的动态过程。气体流量计量中，常用的流体物性参数主要有密度、压缩因子、黏度、比热比和气体绝热指数。

1.3.1　密度

密度是流量计量中最重要、最常用的流体物性参数之一。密度是单位体积内的流体质量，如果流体可以认为是均匀的介质，则它可以表示为

$$\rho = \frac{m}{V} \tag{1-5}$$

式中　ρ——流体密度（kg/m^3）；

m——流体的质量（kg）；

V——流体的体积（m^3）。

因为在 101.325kPa、0℃下，1kmol 任何气体的体积都等于 $22.4m^3$，所以任何气体在此条件状态下的密度为 $\rho_0 = m/22.4m^3$。

因为温度、压力对气体密度的影响很大，所以气体密度的通用计算公式为

$$\rho = \rho_0 \frac{pT_0Z_0}{p_0TZ} \tag{1-6}$$

式中　ρ_0——标况条件下的气体密度（kg/m^3）；

T_0——标况条件下的气体热力学温度（K）；

p_0——标况条件下的气体绝对压力（Pa）；

Z_0——标况条件下的气体压缩因子，无量纲。

燃气的相对密度 S 是指在相同压力和温度下燃气密度与空气密度之比，即 $S = \rho_{燃}/\rho_{空}$，这是一个无量纲的量。燃气的相对密度，也常用在已知其相对密度时，求摩尔质量或密度等。在各类燃气中，天然气的相对密度一般在 0.58～0.62 之间，石油伴生气的相对密度在 0.7～0.85 之间，个别含重烃多的油田气的相对密度也有大于 1 的。

1.3.2　压缩因子

压缩因子是在给定温度和压力下，真实气体与理想气体定律不一致的修正系数，其计算公式为

$$Z = \frac{pM}{\rho RT} \tag{1-7}$$

式中　M——摩尔质量或摩尔体积（kg/mol 或 m^3/mol）；

R——摩尔气体常数，$R = 8.31J/(mol \cdot K)$。

气体理想状态下的压缩因子等于 1。压缩因子受压力的影响很大，压力较高时，压缩因子偏离 1 的程度越明显。但在燃气流量计量中，多数情况下的实际气体并不是理想气体，如在高压状态，当按照理想气体状态方程进行计算时，必须引入一个修正值，即压缩因子。此时，压缩因子 Z 定义为：在规定压力和温度下，任意质量气体的体积与该气体在相同条件

下按理想气体定律计算的气体体积的比值，即

$$Z(p,T,y)=\frac{V_{rm}}{V_{im}}=\frac{pV_{rm}}{RT} \tag{1-8}$$

式中 p——气体绝对压力（Pa）；

T——气体热力学温度（K）；

y——表征气体的一组参数，原则上可以是摩尔全组成或一组相关物性参数，或是两者结合；

V_{rm}——实际状态下气体的摩尔体积（m^3/mol）；

V_{im}——理想状态下气体的摩尔体积（m^3/mol）；

R——摩尔气体常数，$R=8.31J/(mol\cdot K)$。

GB/T 17747—2011《天然气压缩因子的计算》中，详细规定了压缩因子的计算方法。该标准包括三个部分：第1部分包括导论和计算方法指南；第2部分给出了用已知气体详细的摩尔组成计算压缩因子的方法，又称为 AGA8－92DC 计算方法；第3部分给出了用包括可获得的高位发热量、相对密度、CO_2含量和H_2含量（若不为零）等非常详细的分析数据计算压缩因子的方法，又称为 SGERG－88 计算方法。两种计算方法主要应用于正常进行输气和配气条件范围内的管输干气，包括交接计量或其他用于结算的计量。通常输气和配气的操作温度为－10℃～65℃，操作压力不超过12MPa。在此范围内，如果不计包括相关压力和温度等输入数据的不确定度，则两种计算方法的预期不确定度约为±0.1%。

1.3.3 黏度

流体的黏度是表示流体内摩擦力大小的一个参数。黏度是流体温度和压力的函数。通常情况下，若温度上升，则气体流体的黏度就会上升。气体和水蒸气的黏度与温度、压力的关系十分密切，应随时注意修正。

1.3.4 比热比

比热比是气体流体的重要热力学参数之一，其与气体的种类、温度、压力都有关，通常用符号γ表示。它可以通过测量的方法得到，也可以通过查阅物性参数表获取。在绝热过程中，比热比称为绝热指数。理想气体的比热比等于等熵指数。比热比γ的计算公式为

$$\gamma=\frac{c_p}{c_V} \tag{1-9}$$

式中 c_p——比定压热容［J/(kg·K)］；

c_V——比定容热容［J/(kg·K)］。

比定压热容c_p为单位质量的流体在压力不变的条件下，单位温度变化时所吸收或释放的能量。比定容热容c_V则为单位质量的流体在比容不变的条件下，单位温度变化时所吸收或释放的能量。

1.3.5 气体绝热指数

如果流体在状态变化的某一过程中不与外界发生热交换，则该过程称为绝热过程。气体绝热指数可以通过查表获得，它通常参与气体膨胀系数的计算。

1.4　主要特征方程

1.4.1　理想气体状态方程

理想气体是人们对实际气体简化而建立的一种理想模型。理想气体具有“分子本身不占有体积”和“分子间无相互作用力”两大特点。在实际应用中，通常把高温低压条件下的气体近似看作理想气体，而温度越高、压强越低，就越接近于理想气体。理想气体状态方程的表达式为

$$pV = \frac{m}{M}RT \tag{1-10}$$

式中　p——气体的压力（Pa）；

V——气体的体积（m^3）；

m——气体的质量（kg）；

M——气体的摩尔质量（kg/mol）；

R——摩尔气体常数，$R = 8.31 J/(mol \cdot K)$；

T——气体的热力学温度（K）。

一定质量理想气体由 N 个同种气体分子组成，每个气体分子的质量为 m_0，则气体的质量 $m = Nm_0$；气体的摩尔质量 $M = N_A m_0$，其中 N_A 为阿伏伽德罗常数（$N_A = 6.022 \times 10^{23} mol^{-1}$），理想状态方程可以表示为

$$p = \frac{1}{V}\frac{Nm_0}{N_A m_0}RT = \frac{N}{V}\frac{R}{N_A}T = n\kappa T \tag{1-11}$$

最终可推导为

$$p = n\kappa T \tag{1-12}$$

式中　p——气体的压力（Pa）；

n——单位体积内的气体分子数（个/m^3），$n = N/V$；

κ——玻尔兹曼常数，$\kappa = R/N_A = 1.38 \times 10^{-23} J/K$；

T——气体的热力学温度（K）。

1.4.2　连续性方程

连续性的气体在封闭管道中做定常流流动时，流过截面1和截面2的质量流量相等（质量守恒定律），即

$$q_{m1} = q_{m2} \quad 或 \quad \rho_1 v_1 A_1 = \rho_2 v_2 A_2 \tag{1-13}$$

式中　q_{m1}——流过截面1的气体质量流量（kg/s）；

q_{m2}——流过截面2的气体质量流量（kg/s）；

ρ_1——流过截面1的气体密度（kg/m^3）；

v_1——流过截面1的气体平均流速（m/s）；

A_1——流过截面1的截面面积（m^2）；

ρ_2——流过截面2的气体密度（kg/m^3）；

v_2——流过截面2的气体平均流速（m/s）；

A_2——流过截面2的截面面积（m^2）。

第 2 章　燃气流量计量仪表

2

燃气流量计量中有三种方法可供选择：一是标准参比条件下的体积流量计量，二是标准参比条件下的质量流量计量，三是标准参比条件下的能量流量计量。上述三种方法可分为间接测量方式和直接测量方式。目前国内外企业根据上述三种方法制造的仪表至少有数十种之多，然而每种方法及其仪表都有特定的使用对象和使用范围。

2.1　主要测量方法

1. 体积流量测量

目前，我国天然气工业中采用的主要测量方法为体积流量测量。由于气体的可压缩性，它受温度、压力的变化影响，主要有以下两种测量仪表。

（1）间接体积流量测量仪表　这种类型的仪表是通过测量体积相关参量，再利用相关公式计算出体积流量。典型的流量仪表如孔板流量计，它具有结构简单、维修方便、成本低廉、寿命长及无须标定就能直接使用的特点；旋涡流量计具有口径大、耐压高、大流量无活动部件、寿命长、测量准确度高的特点；涡轮流量计则具有精度高、重复性好、量程宽、能作为标准仪表使用的特点：超声波流量计最大的特点是无转动部件、无压损亏，具有量程宽的优点。但是，这类仪表的不足之处主要是由于采用间接测量，影响计量精度因素较多，需要进行相关修正；某些仪表（如孔板流量计）量程较窄；涡轮流量计由于转动部件易受污染，影响使用寿命。

（2）直接体积流量测量仪表　这种类型的仪表，如腰轮流量计，由于是利用一个精密的标准容器对被测流体连续计量，具有准确可靠、量程比较宽、无严格直管段要求的特点。但这类仪表的不足之处是大都具有可动部件，在测小流量和低精度流体时误差较大；易受污染影响，一般需在上游安装过滤器，因而造成附件压损；难以适合大口径、高压的使用。

2. 质量流量测量

燃气流量计量中用于质量流量测量的流量计多为科里奥利质量流量计，它是一种利用流体在振动管中流动而产生与质量流量成正比的科里奥利力的原理来直接测量质量流量的仪表，可以直接测量天然气的瞬时质量流量。科里奥利质量流量计在质量计量方面有得天独厚的优势，不需要其他测量设备就可独立完成，也无须进行标准参比条件下的换算。

科里奥利质量流量计在其自身内部利用称为科里奥利效应的物理现象。如图 2-1 所示，流体流过振动的 U 形管时，科里奥利效应便会起作用，使流入端 A 与流出端 B 之间的流动反向，并且将管道扭曲。根据科里奥利效应，物体的重量与速度互成比例关系，因此通过测量扭曲量，便可以知道质量流量。

尽管质量流量计有很多优点，但其不能用于大管径流量测量、压力损失较大、价格昂贵、只适用于极小密度流体等缺点，限制了其在天然气长输管道的计量应用；目前，长输管道的主流天然气计量仪表仍是超声波流量计、涡轮流量计和孔板流量计。所以在管输天然气计量中，只有在高压或液态天然气两种情况时，质量流量计才可充分发挥出其优点。在LNG和CNG贸易计量中，科里奥利质量流量计获得了广泛的应用。图2-2所示为利用科里奥利质量流量计测量LNG流量。

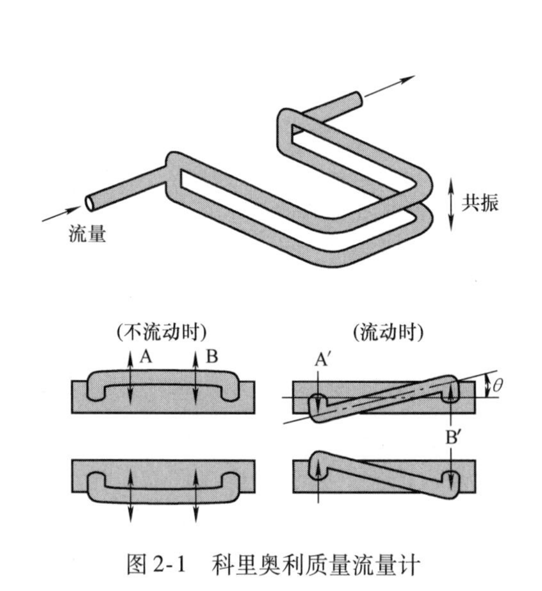

图2-1 科里奥利质量流量计

图2-2 利用科里奥利质量流量计测量LNG流量

3. 能量流量测量

能量流量测量方法主要是针对天然气而言，其实质就是以天然气的能量作为结算量，通过天然气组成分析求得发热量，再与天然气结算条件下的体积量相乘最终得到天然气能量。天然气的价值所在就是其蕴含的发热量，因此能量流量测量方法要比体积计量法和质量计量法更能体现出天然气的本质价值，也更公平合理。

使用能量流量测量方法计量燃气就是能量计量，随着国家油气管网公司的成立以及管网向第三方公平开放，以及节能减排、精细化管理等理念逐渐深入人心，实施能量计量的呼声也越来越高。中国石油西南油气田分公司天然气研究院和中国计量科学研究院等单位在天然气能量计量标准制定、量值溯源和实验研究等方面做了大量的技术工作，国内目前已基本建立了包括GB/T 22723《天然气能量的测定》、GB/T 18603《天然气计量系统技术要求》、GB/T 28766《天然气分析系统性能评价》、GB/T 13610《天然气的组成分析 气相色谱法》和GB/T 35186《天然气计量系统性能评价》等标准在内的比较完善的标准体系。

2019年5月，国家发展和改革委员会、国家能源局、住房和城乡建设部、国家市场监督管理总局联合印发了《油气管网设施公平开放监管办法》，其中第十三条提出国家将推行天然气能量计量计价，并于本办法实施之日起24个月内建立天然气能量计量计价体系。可见有关能量计量的研究也迫在眉睫。

2.2 常用燃气流量计量仪表分类

因为城市公用事业对流量测量的需求急剧增长，促使燃气计量仪表迅速发展。工业气体流量计虽然发展历史较久，品种也较多，但燃气经营企业要想取得合理的、良好的选型效果，必须对各种流量计分别从流体特性、流量计的性能、安装条件、投资费用、生产实际和标准设计六个重要方面综合考虑。

流量计是工业测量中重要的仪表之一，流量计量具有复杂性，但大多数情况下的流量是可以准确计量的，只是准确度不同。根据测量原理可基本分为四大类：利用伯努利方程原理来测量流量，如差压式流量计；利用固定标准小容器测量流量，如容积式流量计；利用流体的流速来测量流量，如速度式流量计；利用流体的质量来测量流量，如质量流量计。通过各种流量测量原理，产生很多形式的流量计量仪表，以下是气体流量测量经常用到的流量仪表。

1. 容积式流量计

容积式流量计又称定排量流量计，它的内部有一个具有一定容积的计量“斗”空间，该空间一般是由流量计内的运动部件和其外壳构成，不同的“斗”空间类型就形成了不同的容积式流量计。当流体流过流量计时，流量计的进口和出口之间产生一个压差（压损），在这个压差的作用下，流量计内的运动部件不断运动（转动或移动），将流体一次次充满计量“斗”空间并从进口送到出口。预先求出该空间的体积，测量出运动部件的运动次数，从而求出流过该空间的流体体积。另外，根据每单位时间内测得的运动部件的运动次数，可以求出流体的流量。这就是容积式流量计的基本测量原理。简单来说，容积式流量计就是利用机械测量元件把被测流体连续不断地分割成单个已知的体积部分，根据计量室逐次、重复地充满和排放该体积部分流体的次数来测量流量体积总量。因此，容积式流量计可按其测量元件进行分类，分为椭圆齿轮流量计、刮板流量计、双转子流量计、腰轮（罗茨）流量计、旋转活塞流量计、往复活塞流量计、圆盘流量计、液封转筒式流量计、湿式气量计及膜式燃气表等。燃气计量主要选用膜式燃气表和腰轮流量计。容积式流量计、差压式流量计和浮子流量计在流量测量领域使用量均较大，也常应用于昂贵介质（油品、天然气等）的总量测量。

容积式流量计的结构中，把流体分割成单元流体的固定体积空间称为计量室。定量计量如图2-3所示。

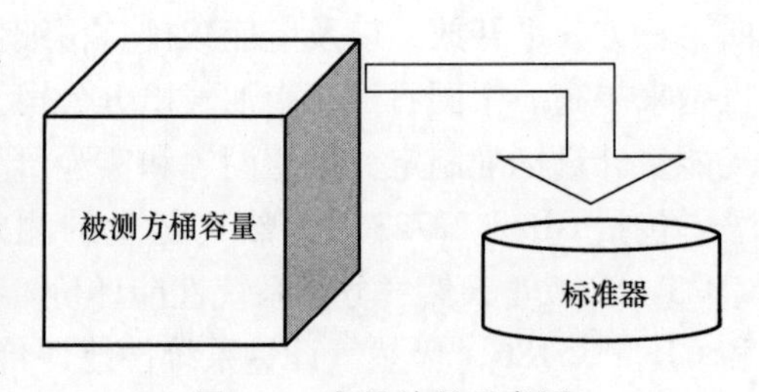

图2-3　定量计量示意图

我们可以用一个标准器，先向标准器灌满方桶中的被测流体，当灌满小容器达到规定刻度线后，将被测量流体排出至其他容器中，排完后再依照原来的方法重复进行，直到方桶内液体排完为止，这样通过灌满排出标准器的次数，即可测量出被测量方桶内的流体容量。但是，根据这个原理要进行正确计量必须具备三个条件：首先要知道标准器灌满时的准确容积；在把流体灌入标准器的过程中不能出现流体泄漏或遗撒；要正确地记录从标准器排出流体的次数。

容积式流量计就是基于上述计量原理并满足三个条件而设计的。实际上容积式流量计的工作是连续交替进行的，所谓标准器即相当于容积式流量计中的计量室，这就是所有类型的容积式流量计的基本精髓，由具有一定容积的标准器来反复不断地计量流体体积。

（1）容积式流量计的优点　测量准确度高，是流量仪表中测量准确度较高、计量可靠性高的一类仪表。其测量的相对示值误差一般可达 ±0.2% ～ ±1.5%，特殊的可达 ±0.1% 甚至更高。而且容积式流量计的特性一般不受流动状态的影响，也不受雷诺数大小的限制。除脏污流体和一些特殊介质外，它可用于各种介质的流量测量。通常在昂贵介质或需要精确计量的场合使用。

安装管道条件对流量计计量准确度几乎没有影响。由于容积式流量计在使用中，对上下游流动状态变化不敏感，所以流量计不需要前后直管段，而绝大部分其他类型的流量计都要受管内流体流速分布的影响，这使得容积式流量计在安装使用上有其突出的优点。在旋转流和管道阻流件流速场畸变时对计量准确度没有影响，没有前置直管段要求。这一优点在现场使用中有重要的意义。

测量范围较宽。由于生产厂家的设计、制造和检测水平不断提高，目前典型的流量范围为 10∶1～50∶1，其中具有代表性的容积式腰轮流量计的范围可达 17∶1～144∶1，高准确度测量时量程比会有所降低。它可用于高黏度流体的测量。

直读式仪表无须外部能源就可直接得到流体总量，即直接获得累计总量。在以体积流量计组合的间接法质量流量测量中，与速度式等推导体积流量计相比，容积式流量计所得的体积是直接几何量，体积量的影响因素要单纯些。在不适合采取密度计测量的高压天然气测量中，不易处理的气体压缩因子，用容积式流量计可间接求得。

温度、压力自动补偿的一体化智能型容积式流量计具有自动体积转换、压缩因子修正、标态总量显示输出的功能，使流体标态体积计量更加科学准确。同时，也为实现能量计量创造了条件。

（2）容积式流量计的缺点　机械结构较复杂，大口径仪表体积庞大笨重。所以，容积式流量计一般只适用于中小口径。

与其他几类通用流量计（如差压式流量计、浮子式流量计、电磁式流量计）相比，容积式流量计的被测介质种类、口径、介质工况（温度和压力）等局限性较大，适应范围窄。容积式流量计的适用范围：工作压力最高可达 1.0MPa，工作温度可达 80℃，仪表口径为 25mm～400mm，流量范围为 0.02m^3/h～3500m^3/h。

大部分容积式流量计只适用于洁净单相流体。测量含有颗粒、脏污物的流体时上游必须安装配套的过滤器，既增加压损，又增加维护工作，如测量含有气体的液体必须装设气液分离器。

部分形式的仪表（如椭圆齿轮式、腰轮式、旋转活塞式等）在测量过程中会给流动带来脉动，较大口径仪表会产生较大噪声，甚至使管道产生振动。

由于高温下零件易发生热膨胀、变形，低温下材质易变脆等问题，容积式流量计一般不适用于高低温场合。目前，可使用温度范围为 -30℃～160℃，压力最高为 10MPa。

容积式流量计安全性差，如一旦检测活动元件卡死，流体就无法通过，断流导致不能应用。但有些结构设计（如 Instromet 公司的腰轮流量计）在壳体内置一旁路，当检测活动元件卡死时，流体可从旁路通过。

2. 速度式流量计

速度式流量计的输出与流速成正比，利用被测流体流过管道时的速度对传感器施加影响，流量计传感器（如叶轮、涡轮、旋涡发生体和超声波换能器）能够感受到流速的变化。通过各种方式来对传感器的信号进行测量，就可以得到流体的流速，进而得到准确的流量信号。采取这种检测原理的流量仪表主要有涡轮流量计、涡街流量计、旋进旋涡流量计和超声波流量计等。

超声波流量计的基本原理是超声波在流动的流体中传播时，载上流体流速的信息，因此通过对接收到的超声波进行测量，就可以检测出流体的流速，从而换算成流量。超声波流量计由超声波换能器、信号处理电路和单片机控制系统三部分组成。超声波流量计常用的测量方法有超声速度差法和多普勒法等。超声速度差法又包括时差法、相差法和频差法。

涡轮流量计是速度式流量计的主要类型之一，它采用涡轮感受流体平均流速，从而推导出流量或总量。涡轮的旋转运动可由机械、磁感应、光学或电子方式检出并由读出装置进行显示或记录。一般它由传感器和显示仪两部分组成，也可做成整体式。涡轮流量计与容积式流量计并列为流量计中高准确度的两类流量计，广泛应用于昂贵介质总量或流量的测量。

3. 质量流量计

质量流量计用于计量流过管道流体的质量流量，主要有科里奥利质量流量计、热式流量计和冲量式质量流量计。其中热式流量计是利用流体流动与热源对于流体传热量的关系来测量流量的仪表。目前常用的有两类：一类是热分布式（也称量热式）流量计，它主要用于小、微流量测量，若做成分流式，也可在大、中流量中应用；另一类为热消散式（也称金氏律式）流量计，做成插入式，用于大口径流量测量。一般气体质量流量计主要是以量热式流量计为主。

4. 差压式流量计

差压式流量计是根据安装于管道中流量检测件产生的压差、已知的流体条件和检测件与管道的几何尺寸来推算流量的仪表。差压式流量计由一次装置（检测件）和二次装置（差压转换和流量显示仪表）组成。通常以检测件形式对差压式流量计进行分类，如孔板流量计、文丘里管流量计和均速管流量计等。差压式流量计的检测件按其作用原理可分为节流式、水力阻力式、离心式、动压头式、动压增益式及射流式几大类。检测件又可按其标准化程度分为两大类：标准型和非标准型。所谓标准检测件，是指只要按照标准文件设计、制造、安装和使用，无须经实流校准即可确定其流量值和估算测量误差的检测件。非标准检测件是成熟程度较差的，尚未列入国际标准中的检测件。

2.2.1 腰轮流量计

腰轮流量计已经存在一百年以上，其结构可以说在许多方面是以泵、风机或压缩机原理为基础而发展起来的。

腰轮流量计的工作过程是依靠进、出口流体压差产生运动，腰轮部件分隔成标准的腔室，每旋转一周排出四份标准“计量空间”的流体体积量。在腰轮上没有齿，它们不是直接相互啮合转动，而是通过安装在壳体外的传动齿轮组进行传动。

腰轮流量计的结构特征：在流量计的壳体内有一个计量室，内有一对或两对可以相切旋转的腰轮（由此得名腰轮流量计），如图 2-4 所示。在流量计壳体外面与两个腰轮同轴安装了一对驱动齿轮，它们相互啮合使两个腰轮可以相互联动。利用腰轮流量计的测量元件，即计量室和可相切旋转的腰轮组合，把流体连续不断地分割成单个的体积部分，利用驱动齿轮和计数指示机构计量出流体总体积量。

如图 2-5 所示，腰轮流量计有两个腰轮（酷似 8 字形）状的共轭转子，分别控制在各自的转轴上，有一个腰轮转动，另一个就跟着齿轮连接反向转动，相互间始终保持着一条线接触（准确地说应该是接近），既不能相互卡住，又不能有泄漏间隙。当有流体通过流量计时，在流量计进出口流体压差的作用下，两腰轮将按一定方向旋转。当在进口充入流体时，两个腰轮都向外转，当下边的腰轮处于水平状态时，在它下边存有一定体积量的流体，连续转动时，一定体积量的流体从排出口进入。上边的腰轮又将进来的流体存入上腔中并准备将流体送出排出口。当进压力高于排压力时，两个腰轮将连续转动，一次次地排出流体。当两个腰轮各完成一周的转动时，所排出的流体为一回转量 V。在腰轮转轴上带动一副蜗杆副和一套变速齿轮组合传送到计数装置进行累计流量计量。

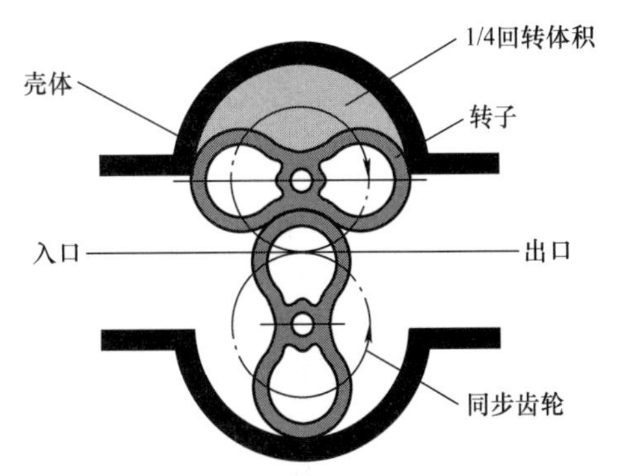

图 2-4　腰轮流量计转子结构示意图

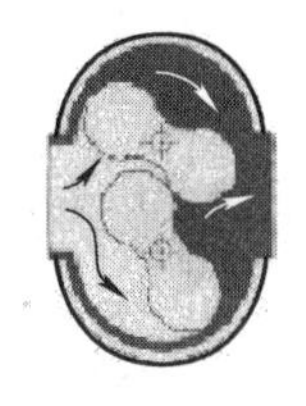
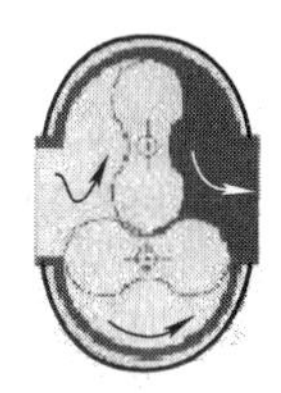
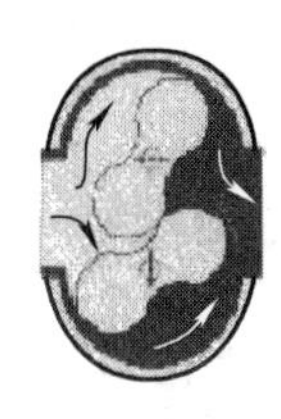
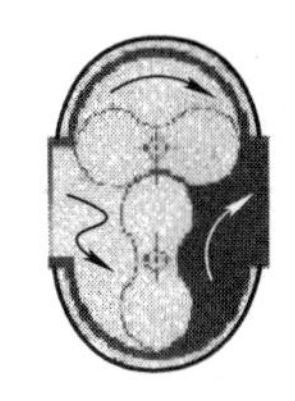

图 2-5　腰轮流量计计量过程示意图

腰轮流量计由壳体、腰轮转子组件（即内部测量元件）、驱动齿轮与计数指示组件等构成。腰轮的组成有两种形式：一种是只有一对腰轮，此种为普通腰轮流量计；另一种由两对互成 45°的腰轮组成，此种称为 45°组合式腰轮流量计。普通腰轮流量计运行时产生的振动较大，组合式腰轮流量计振动小，适合于大流量计量。腰轮流量计的工作过程是由腰轮的外侧壁、壳体的内侧壁以及腰轮两端盖板之间形成一个封闭空间（即计量室），空间内的流体即为由测量元件将连续流体分割成的单个体积。

腰轮流量计广泛用于高压力、大流量的气体流量测量中，也可用于各种液体流量的测量。智能型腰轮流量计由流量测量单元和流量积算显示单元两大部分组成，可选配温度和压力传感器，实现温度压力补偿功能，其原理框图如图 2-6 所示。腰轮流量计的平面结构示意图如图 2-7a 所示，立体解剖示意图如图 2-7b 所示。

流量测量单元主要包括腰轮计量室、润滑系统和传动机构，流量积算显示单元包括机械计数器、积算仪和高低频脉冲发生器。

1）腰轮计量室。腰轮流量计由一对腰轮和壳体构成，两腰轮是有互为共轭曲线的转

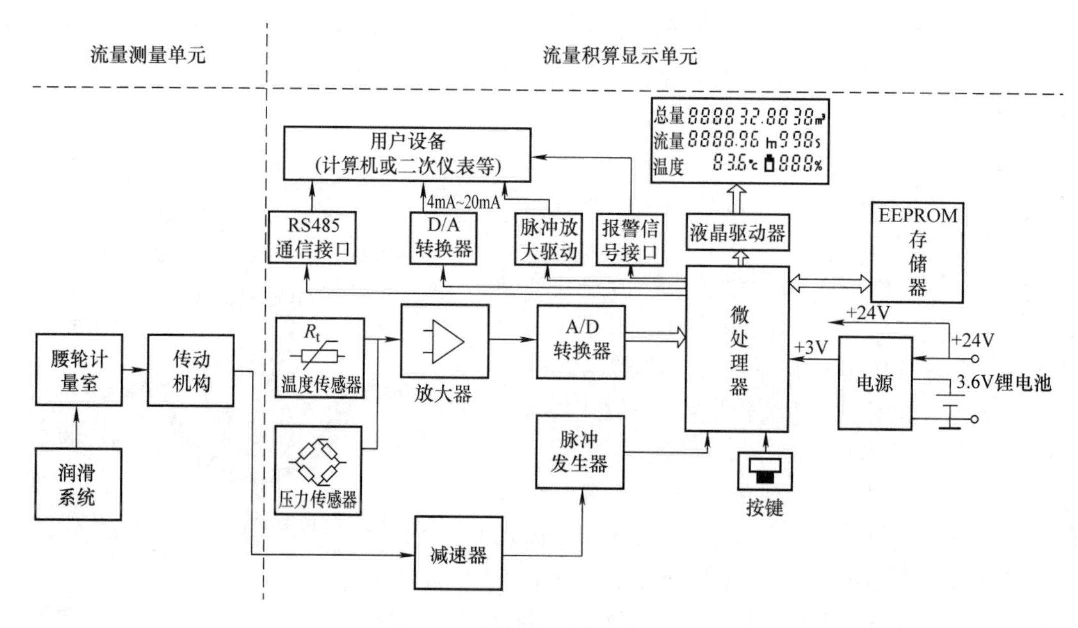

图 2-6　腰轮流量计原理框图

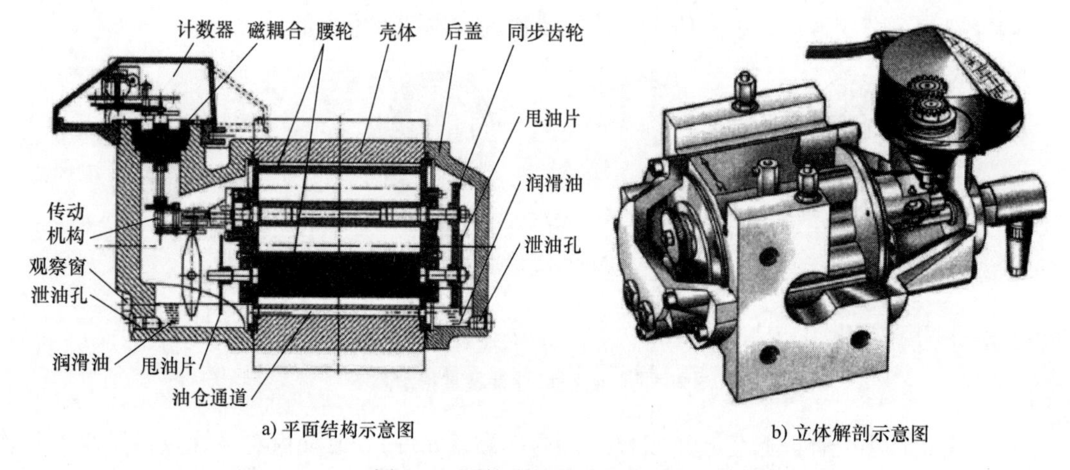

图 2-7　腰轮流量计的结构剖析

子。计量室壳体一般由铝合金或不锈钢制成，腰轮与壳体、腰轮与腰轮、腰轮与隔板等的间隙非常小，一般为 80μm ~ 150μm。

2）润滑系统。润滑系统包括储油腔、加油孔、泄油孔、观察窗、油道和甩油片等。

3）传动机构。传动机构包括磁性联轴器、同步齿轮和减速变速机构。

4）机械计数器。早期传统腰轮流量计为纯机械式仪表，包括磁耦合和计数器等。

5）积算仪。积算仪包括中央处理器、LCD 显示器和存储器等，实现存储、积算、显示和温压补偿等功能。

6）高低频脉冲发生器。把高频脉冲信号（如转数）或低频体积（通常为 $1m^3$）信号发送到远距离采集使用。腰轮流量计通用误差曲线如图 2-8 所示。

腰轮流量计一般为水平安装，前置过滤器；若必须垂直安装时，为防止垢屑等从管道上

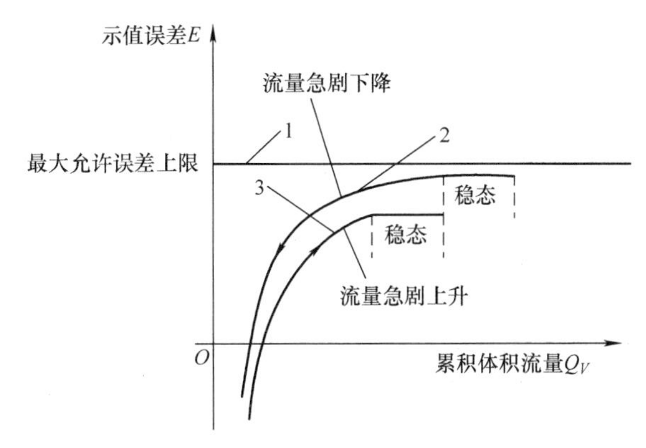

图 2-8　腰轮流量计通用误差曲线

1—理想误差曲线　2—流量自大流量值快速下降过程对应的误差曲线　3—流量自小流量值快速上升过程对应的误差曲线

方落入流量计，需将气流方向调整为自上而下通过。气体流动方向应与仪表壳体上标明的方向一致，一般只能做单方向测量，必要时在其下游装止逆阀，以免损坏仪表。

要保证流量计不受管线的膨胀、收缩、变形和振动等影响，防止系统因阀门及管道设计不合理产生振动。

常见气体腰轮流量计如图 2-9 所示。

2.2.2　膜式燃气表

膜式燃气表主要由计量系统、气路及气流分配系统、运动传送系统、计数系统等四大部分组成。

图 2-9　常见气体腰轮流量计

1. 计量系统

由两个基本相同的计量容器组成。计量系统主要由计量室、膜片、膜板、折板、折板座和折板轴等零件构成。其作用是保证膜片往复摆动一次，有一个恒定容积的气体输出。膜片多为皿形，其几何形状有方形、长方形、圆形和椭圆形几种，如图 2-10 所示。图 2-11 为盒式计量室隔膜运行位置的剖视图。

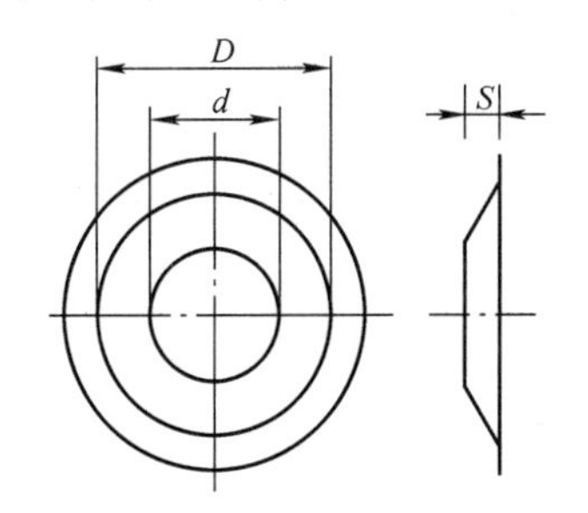

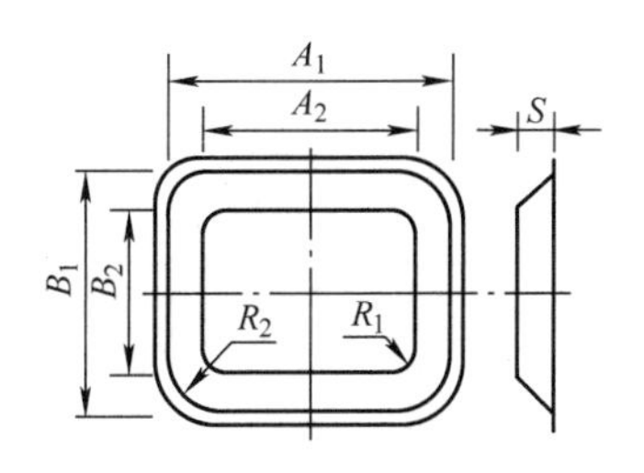

图 2-10　膜片外形示意图

2. 气路及气流分配系统

气路及气流分配系统主要包括接头、外壳、表内出气管、分配阀栅和滑阀等零件。其作

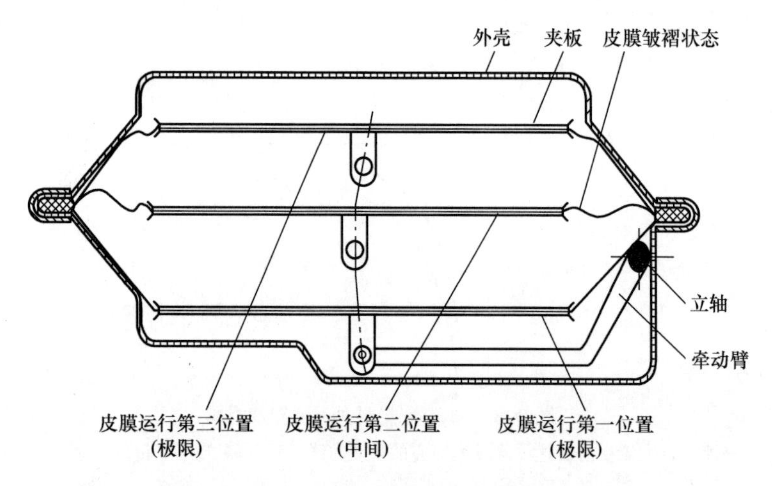

图 2-11　盒式计量室隔膜运行位置的剖视图

用是供被计量气体按一定顺序的通道流动。滑阀在分配阀栅上滑动，周期性地改变气流途径，使气体循环交替地充满或排出左右四个气室，以达到对气体体积的计量。

气阀的运动形式和形状也各有不同。做往复直线运动的阀盖（滑阀）都是方形或长方形的，做旋转运动的是圆形阀，做偏摆运动的为扇形阀，如图 2-12 所示。与之配合的阀座的结构如图 2-13 所示。

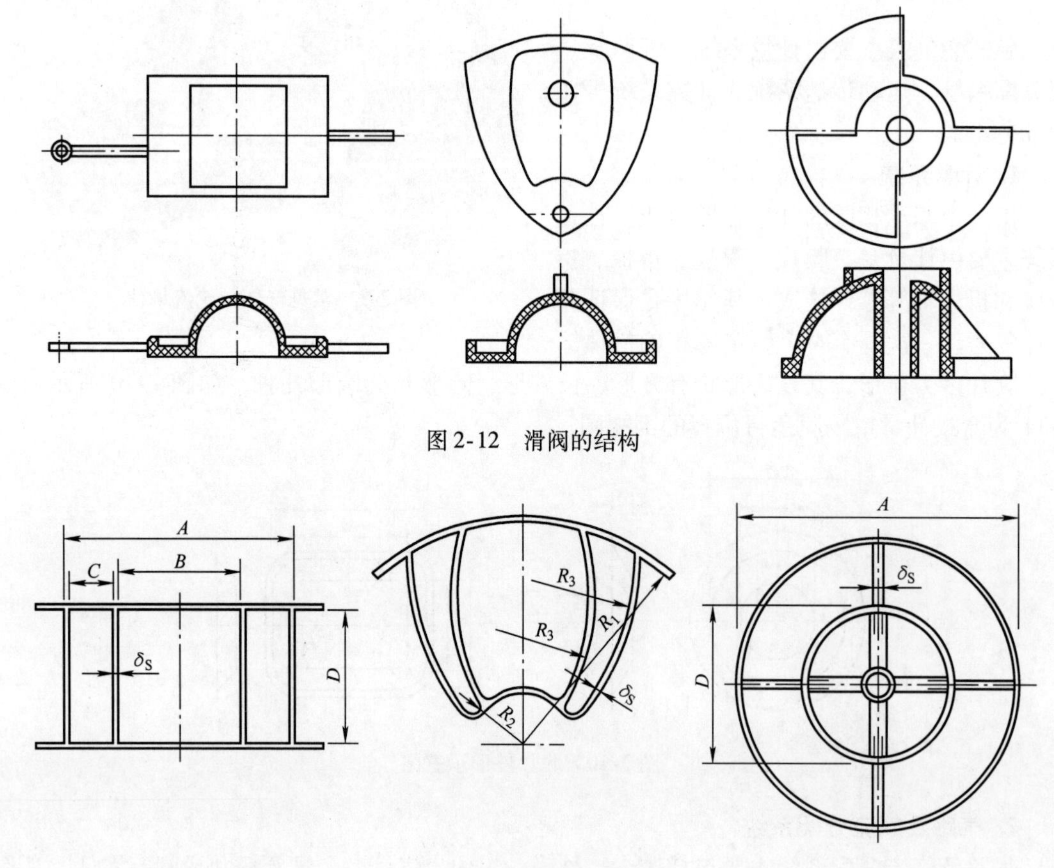

图 2-12　滑阀的结构

图 2-13　阀座的结构

3. 运动传送系统

运动传送系统主要由立轴、牵动臂、拉杆和中轴支架组件等构成。

气体压力作用在膜片上形成膜片摆动的动力，经过两套摆杆、连杆与共用的曲柄轴组合成一套能连续自运转的汇交力系，将该力传递给阀盖进行直线滑动（有的是转动或扇形摆动）。同时，运动传送系统也将该力传给累积数显示系统，使计数器各齿轮（或字轮）运转，达到计量显示的目的。

汇交力系有多种形式，常用的有对角平行式（形状为字母Z，简称Z式），如图2-14a所示；一侧平面运行的直角式（简称L式），如图2-14b所示；一侧平面运行的交叉式（简称X式），如图2-14c所示；一侧平面运行的外张式（简称V式），如图2-14d所示。汇交力系从隔膜得到了源动力，以支配气阀进、排气的运转，又拨动指示（计数）装置，组成一个完整的膜式煤气表的机芯，不同规格的仪表，其回转体积不同，机芯大小也不同。

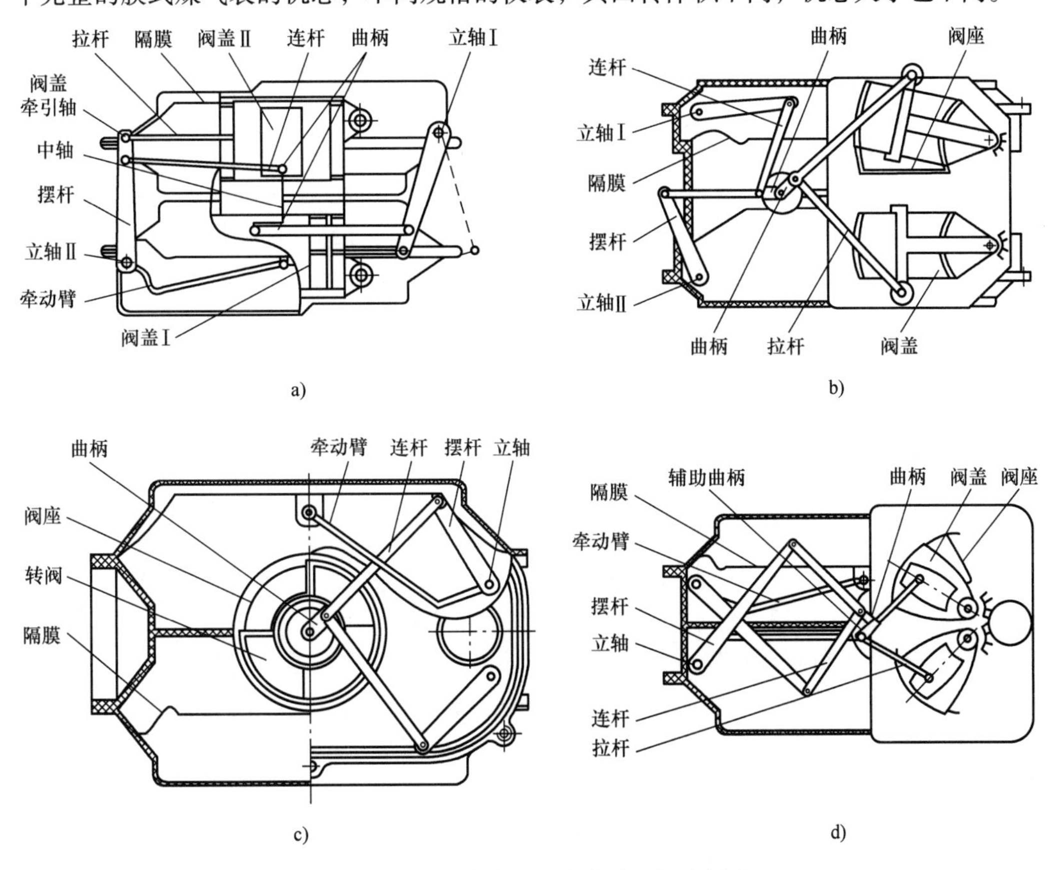

图2-14 机芯结构及汇交力系运行示意图

4. 计数系统

计数系统由主动齿轮、交换齿轮及计数器组成。

计数器有多位字轮，包括整数位和小数位，作用是记录和显示气体流过燃气表的体积量。该系统中配有不同齿数的连接轮和交换轮，选配不同齿数的连接轮和交换轮，可以改变燃气表基本误差曲线的位置，以实现燃气表示值误差的调整。图2-15所示为计数器的结构。

膜式燃气表是一种机械仪表，膜片运动的推动力是依靠燃气表进出口处的气体压差。膜

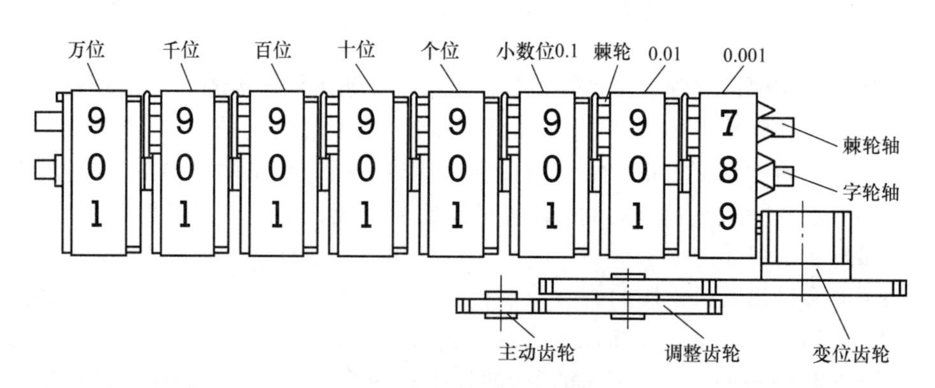

图 2-15　计数器的结构

式燃气表由于结构不同而有多种类型，但其计量原理却都基本相同，它是使燃气进入容积恒定的计量室，待充满后将其排出，通过一定的特殊机构，将充气、排气的循环次数转换成容积单位（一般是 m^3），传递到燃气表的外部指示装置，直接读出燃气所通过的容积量，由于使气体从一个计量室内部排出比较困难，故一般均设有两个或两个以上的计量室交替进行充气和排气。由于单个计量室的充、排气是不连续的，而且也不能使燃气表转动起来，因此膜式燃气表一般均有四个计量室，它以燃气表进、出气口燃气的压力差作为动力，推动两个相邻计量室之间的膜片夹盘组件做直线运动，并通过特别设计的选杆机构使气门盖有规律地交替开、关，使曲柄做圆周运动，从而使燃气表达到连续供气和计量的目的。

燃气表机芯工作原理，就是经过膜片的往复运动带动联动机构、改变滑阀（或称阀盖）与分配阀口相对的位置来控制计量室内燃气的进入和排出。图 2-16所示为膜式燃气表的构造。

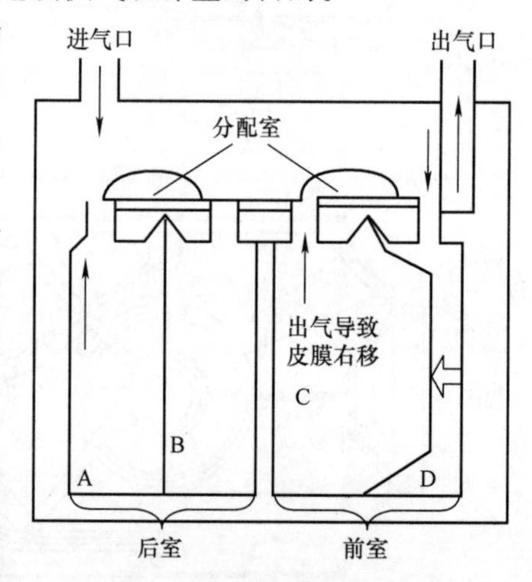

图 2-16　膜式燃气表的构造

由前往后分别相应称为 A、B、C 和 D 室，每个室又分别与分配室上所对应的气门口 A、B、C、D 进出口的通道相通，进出口的关闭与接通是通过滑阀的移动来控制的，如图 2-17 所示，分别表示燃气表运行时四个具有代表性的极限位置。

燃气从表的进气管进入表内，最后通过出气管排出时，表内机构开始运行，当到达第一过程状态时，A、B 室的气门口关闭（即计量室 A 和 B 都不与表的出口通道相通），计量室 B 正处于充满状态，计量室 A 相应地处于完全压缩状态，但此时 D 室的气门口处于开启状态，C 室的气门口与表的出口通道相通，燃气进入 D 室并在压差的作用下推动膜片向 C 室方向运动，压缩 C 室内的气体从其气门口通向出口，由于联动机构的作用，后计量室膜片传递给牵动臂的牵动力，促使前计量部分的连杆越过“死位”，A 室、B 室的气门口由关闭状态逐渐移动变成接通状态，当后室膜片向左运动到极限位置时，A 室的气门口完全开启，进入了计量的第二过程。

第二过程，C、D 室的气门口关闭，计量室 D 处于充满状态，计量室 C 相应地处于完全压缩状态。后室处于“死位”状态，但此时前室 A 的气门口处于开启状态，室 B 的气门口与表的出口通道相通，燃气进入 A 室并在压差的作用下推动膜片向 B 室方向运动，压缩 B

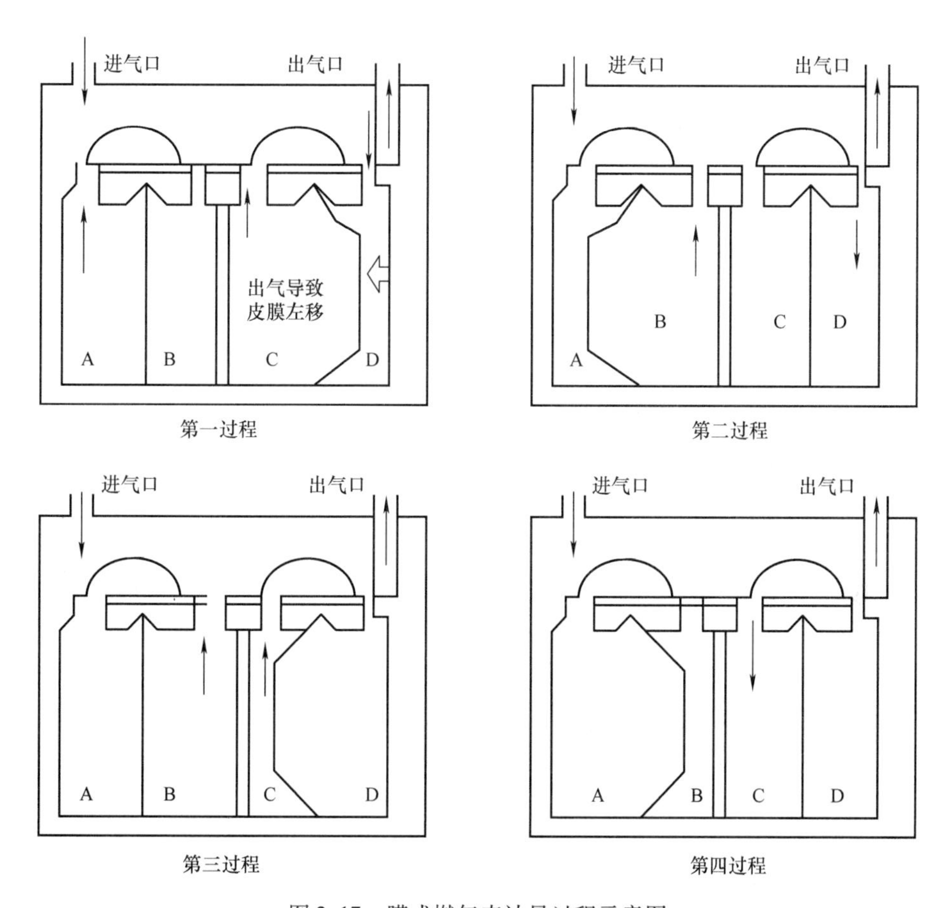

图 2-17　膜式燃气表计量过程示意图

室内的气体从其气门口通向出口，由于联动机构的作用，前室膜片传递给牵动臂的牵动力，促使后计量部分的连杆越过“死位”，C 室、D 室的气门口由关闭状态逐渐移动变成接通状态，当前室膜片向右运动到极限位置时，C 室的气门口完全开启，进入了运动的第三过程。

同样道理，燃气表内膜片的运动继续由第三过程进入到第四过程，再由第四过程返回到第一过程，从而完成一个运动周期。每一个运动周期，燃气表都进入和排出一定量的气体。如果预先设计好计量室的容积，就可以将燃气表膜片运动的周期次数通过相应的传动机构反馈到表外的计数器上，即能显示出气体通过的体积量。图 2-18 所示为燃气表阀系工作过程。

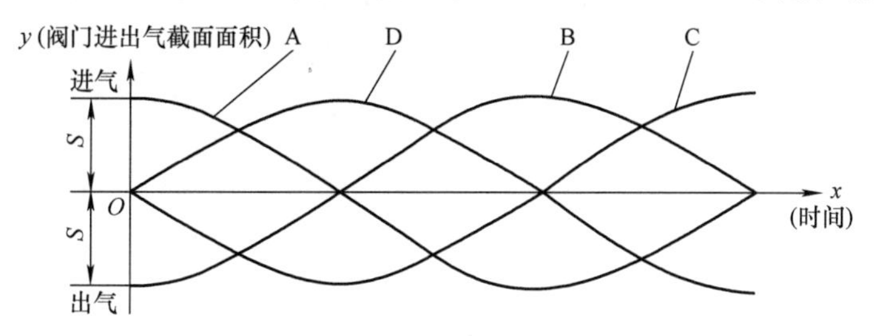

图 2-18　燃气表阀系工作过程示意图

膜式燃气表理想的计量误差是零，理想的计量误差曲线是 x 轴。但是一般实际典型的误差曲线如图 2-19 所示，其中横坐标轴为检定的流量点，纵坐标轴为相对误差值（%）。膜式燃气表的示值误差曲线是由膜式燃气表实际误差逐点连线而成。按照设计图生产的同一批膜式燃气表，误差曲线应该是一样的。但是，由于受实际生产工艺、装配等因素影响，每一台表的误差曲线都是不同的。

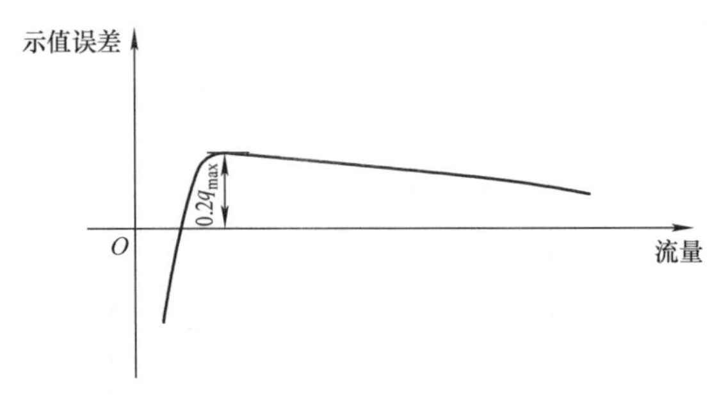

图 2-19　膜式燃气表的典型示值误差曲线

膜式燃气表应安装在通风好、避风雨、防日晒、少振动、无强磁场干扰、温度变化不剧烈（远离热源和冷源）和无腐蚀性气体的环境里。膜式燃气表的安装应注意以下问题：

1）安装前燃气表应单独用空气进行密封性检查，空气压力不得超过表的最大耐压。严禁用氧气等易燃易爆或有毒有害气体进行试漏。

2）安装在燃气管道上的燃气表，严禁用明火检漏。

3）燃气表应安装在干燥通风的地方，工作环境温度为 -10℃ ~40℃。严禁将燃气表安装在卧室、浴室内，也不得将燃气表安装在对表有腐蚀的环境中。

4）燃气表安装位置与炉具及其他火源应有足够的安全距离。在安装时应注意使表壳顶部箭头方向同气体流动方向一致，不得安反。

5）燃气表前应装有表前阀，以保证燃气供应部门可以换表维修、检查和计量部门周期检定，也可以在必要时切断气源。

6）燃气表应垂直安装，不得有明显倾斜现象。

7）燃气表应安装在管道的高点，以防冷凝液体进入表内。

国内膜式燃气表生产厂商较多，北京优耐燃气仪表有限公司属于国内最大的燃气仪表出口企业，引进国外最先进的燃气仪表技术和生产设备，一直专业从事各种膜式燃气表的生产及销售。其产品包括 G2.5 ~ G6 型号、Cubix 及 Cubix Rs 系列等家用普通膜式燃气表和 G10 ~ G25 以上的工商业膜式燃气表，其在国内普通膜式燃气表产品中也具有一定的代表性。图 2-20 所示为 G4S 型普通膜式燃气表。

图 2-20　G4S 型普通膜式燃气表

该类普通膜式燃气表的特点是体积小，重量轻，结构简单，易安装，机芯采用往复式覆盖设计。普通膜式燃气表的技术参数见表 2-1。

Cubix 及 Cubix Rs 系列膜式燃气表产品的特点是量程范围宽、计量精度高；机芯采用往复式阀盖设计；获得欧盟 MID 认证。图 2-21 所示为 Cubix 及 Cubix Rs 系列 U8 型普通膜式燃气表。Cubix 及 Cubix Rs 系列膜式燃气表的技术参数见表 2-2。

表 2-1　普通膜式燃气表的技术参数

型号	G2.5T	G4T	G4S	G4N	G6
回转体积/dm^3	1.2	1.2	1.4	1.6	2.0
最大流量/(m^3/h)	4.0	6.0	6.0	6.0	10
最大工作压力/kPa	50				
中心距/mm	130				152.4
连接螺纹规格	M30×2				M36×2
重量/kg	1.8				4.0

图 2-21　Cubix 及 Cubix Rs 系列 U8 型普通膜式燃气表

表 2-2　Cubix 及 Cubix Rs 系列膜式燃气表的技术参数

型号	G1.6	G2.5	G4	U6	G6/U8/U10（铝 Al）
回转体积/dm^3	1.2	1.2	1.2	2.0	2.0
最大流量/(m^3/h)	2.5	4.0	6.0	10.0	10
公称流量/(m^3/h)	1.6	2.5	4.0	6.0	10.0
最小流量/(m^3/h)	0.016	0.025	0.04	0.04	0.015
最大工作压力/kPa	50				
中心距/mm	110、130、152.4			152.4	
连接螺纹规格	M30×2、3/4in、1in、$1^1/_4$in BS746				M36×2、1in B746
重量/kg	1.8				4.0

注：1in = 25.4mm。

图 2-22 所示为 G25 型工商业膜式燃气表。G6～G25 型号的工商业膜式燃气表的机芯一般采用旋转式阀盖设计，具有误差曲线可调、精度高、量程宽（量程比达 250 倍以上）、预留脉冲输出接口、可配置温度补偿等特点。工商业膜式燃气表的技术参数见表 2-3。

图 2-22　G25 型工商业膜式燃气表

表 2-3　工商业膜式燃气表的技术参数

型号	G10	G16	G25
回转体积/dm^3	5	25	40
最大流量/(m^3/h)	16	25	40
公称流量/(m^3/h)	10	16	25
最小流量/(m^3/h)	0.1	0.16	0.25
最大工作压力/kPa	50		
计数器读数/dm^3	0.0002 ~ 99999.9998		
重量/kg	7.8	9.8	15.6

随着计算机技术和信息技术的发展，人们对普通的机械式燃气表进行了大量的改进尝试，增加了许多附加功能，新型智能化的燃气表应运而生，比较成熟的产品有智能 IC 卡燃气表、远传表和代码表等。

图 2-23 所示为无线远传 IC 卡膜式燃气表。它支持 IC 卡表的全部功能，可实现预付费管理，低功耗，可远程控制、远程抄表、远程调价和在线调价，以及数据无线采集与控制等。

图 2-23　无线远传 IC 卡膜式燃气表

NB - IoT 物联网燃气表是采用先进的窄带物联网（NB - IoT）通信技术，使用运营商授权频段，以膜式燃气表为基表，加装电子控制装置实现预付费功能的智能燃气计量器具。图 2-24 和图 2-25 所示分别为国内常见的 WG4T - NB 型和 CG - WL - J2.5C - MG 型 NB - IoT 物联网燃气表。该类表可基于运营商 NB - IoT 网络，将计量采集的数据、表具运行状态等相关信息定时地传送到后台，由后台数据中心经过数据和信息解析，完成计费、结算和对表具指令的下发等，从而实现智能计量、表具监控和异常报警等功能。

图 2-24　WG4T－NB 型 NB－IoT 物联网燃气表

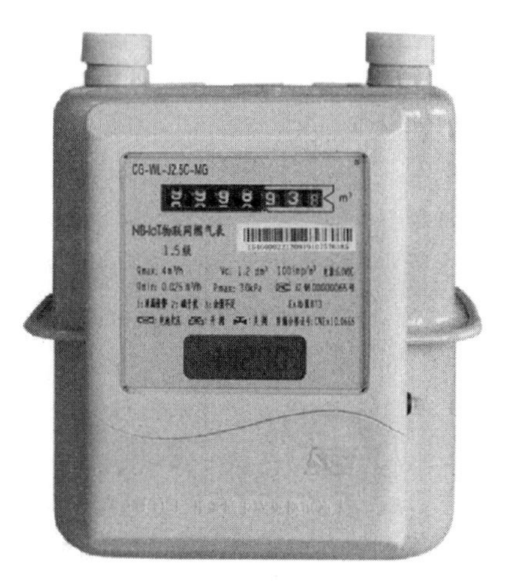

图 2-25　CG－WL－J2.5C－MG 型 NB－IoT 物联网燃气表

NB－IoT 物联网燃气表具有功耗低，通信距离长，无须布网等特点，有效地解决了传统物联网燃气表实时性差等问题。它可实现无卡预付费、远程阀控、阶梯气价、价格调整等功能，可以为燃气公司节省大量时间、人力、物力和财力，解决了燃气公司管理中遇到的诸多问题，提升了燃气公司的信息化管理水平，有效降低了管理运营成本。

2.2.3　湿式气体流量计

湿式气体流量计属于容积式流量计，其内部有一个具有一定容积的计量“斗”空间，该空间一般是由流量计内的运动部件和外壳构成的，不同的“斗”空间类型形成了不同的容积式气体流量计。当气体流过流量计时，流量计的进口和出口之间产生一个压力降（压损），在该压力降的作用下，使流量计内的运动部件不断运动（转动或移动），一次充满计量“斗”空间并从进口送到出口。预先求出该空间的体积，测量出运动部件的运动次数，从而求出流过该空间的气体体积。另外，根据单位时间内测得的运动部件的运动次数，可以求出气体的流量。

大约在 19 世纪初，湿式气体流量计就已在英国诞生，经多次改进和完善变成现在的样式，如图 2-26 所示。它是一个圆形封闭的壳体，后面有进气管，上面是出气管，进气和出气以水或油封闭隔离（下面以水为例说明，油也同理）。上面安装有水准器和测量温度与压力的连接孔，下侧有放水阀，侧面有一个控制液面的溢水阀口，底部有 3 个可调底脚，通过调整可使整机处于水平状态，前面是大圆盘的指针计数器和 5 位数字式计数器。

湿式气体流量计的容积被叶片和转筒分成了 4（或 5）个螺旋状隔离腔的小计量室。如图 2-27 所示，滚筒平卧在壳内的水中（一半以上浸水），靠横轴支承，转动灵活。原则上当一个计量室在充气时，至少有另外一个计量室在排气。一个计量室充满气体后，必须进入排气位置，所以一个计量室排气口的起点和充气口的封闭点一定同步地在液位线上。实际运行时，充气侧的液位线低于排气侧的液位线，排气口的起点比充气口的封闭点滞后。它的圆柱形工作室被叶片分隔为 4 部分，工作室下半部充液体。随着叶片转动，每部分依次排水进气和进水排气。转动一周通过气体的容积为整个工作室的容积，因此它的转速与气体流量成

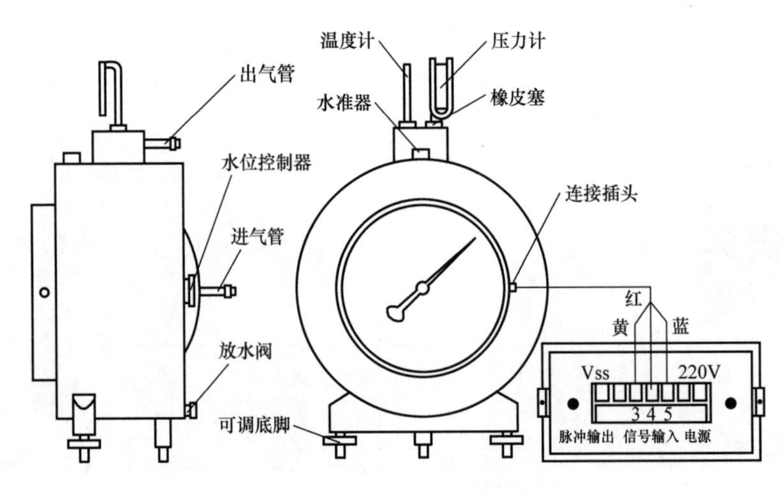

图 2-26　湿式气体流量计

正比。

湿式气体流量计的计量容积主要是靠液位调节器来控制，当安装到位并调整到水平状态后，要求水准器上的横向及纵向的气泡必须在零位。拧开溢水阀，从上边口灌注一定量的纯净水，当水满（壳内外水平面呈同一水平状态）时会从溢水阀溢出，直到不再溢出后，关闭溢水阀即可进行检测。

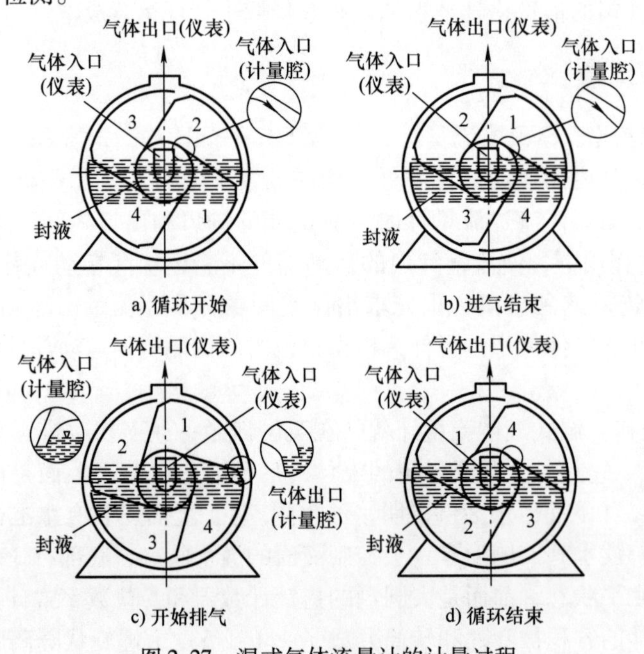

图 2-27　湿式气体流量计的计量过程

溢水阀的位置高低在出厂检定时已经调节好，一般无须改动。根据需要，湿式气体流量计中的水也可换成油（密度接近水）。由于湿式气体流量计中只有一根中轴转动，故机械摩擦小，压力损失很低（一般只有几百帕），波动极小。湿式气体流量计的规格通常有 0.5L、1.5L、10L、20L 等，工作压力一般不高于 1500Pa，计量范围内准确度等级可达 0.5 级或 0.2 级。液位是决定湿式气体流量计计量准确度的主要因素之一。湿式气体流量计典型示值误差曲线如图2-28所示。

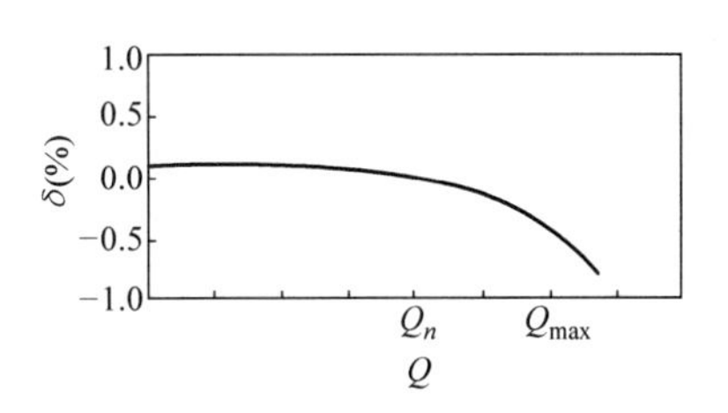

图2-28 湿式气体流量计典型示值误差曲线

湿式气体流量计的检定一般使用更高准确度等级的钟罩式气体流量标准装置、活塞式气体流量标准装置或标准表装置。一般检测 q_{max} 和 $0.2q_{max}$ 两个流量点。试验时，各流量点的实际流量与规定检定流量偏差不超过5%，每一流量点至少试验2次。

湿式气体流量计的安装要求如下：

1）将湿式气体流量计摆放在工作台上，调整地脚螺钉使水准器水泡位于中心，并在使用中要长期保持。

2）打开水位控制器密封螺母，拉出内部的毛线绳。

3）在温度计或压力计的插孔内，向仪表内注入蒸馏水，待蒸馏水从水位控制器孔内流出时即停止注入蒸馏水，当多余的蒸馏水从水位控制器孔内顺着毛线绳流干净（当很久流出一滴时即为流干净）时，再将毛线绳收入水位控制器密封螺母内，并且拧紧密封螺母。

4）装好温度计和压力计，按进出气方向连接好气路，并且密封。

5）开启气阀，即可进行气体测量。

湿式流量计在使用过程中的注意事项如下：

1）要经常注意仪表内水位保持情况，以保证计量准确度。

2）环境温度应保持在15℃~25℃之间，被测气体温度与室温要相近，其温差应≤2℃。

3）当被测气体的压力超过正常压力值1~6倍时，仪表仍然可以进行工作，此时应将压力计取下，用无孔橡皮塞堵住压力计安装孔。当被测气体的流量处于额定流量至超额流量范围内时，仪表仍然可以进行工作，但此时计量的准确度会有所降低。

4）湿式气体流量计在长期不使用时，应将仪表内的蒸馏水放干净，排放时先使用放水阀，然后将表头向下，再将出气管向下，这样反复几次，才能将鼓轮内的水放干净。

5）湿式气体流量计不宜安装于过冷室内，以免内部结冰。

2.2.4 涡轮流量计

涡轮流量计是一种速度式流量计。它利用置于流体中的叶轮的旋转角速度与流体流速成正比的数学关系，通过测量叶轮的转速来反映流量大小，是目前比较成熟的高准确度的流量计量仪表。

涡轮流量计是建立在动量矩守恒原理基础上的，流体冲击涡轮叶片，使涡轮旋转，涡轮旋转的速度随流量的大小而变化，传感器输出与流量成正比的脉冲频率信号，通过流量积算仪，实现瞬时流量和累积流量的计量，还可以进行温度、压力的补偿计算。它具有压力损失小、准确度高、反应快、流量量程比宽、抗振与抗脉动流性能好等特点。涡轮流量计广泛应用于石油、化工、电力、工业锅炉、燃气调压站、输配气管网天然气和城市天然气等领域，并已被广泛用于贸易计量。在欧洲和美国的天然气计量仪表中，涡轮流量计的使用数量仅次于孔板流量计。

1. 工作原理与结构

在涡轮流量计中，流动流体的动力驱使涡轮叶片旋转，其旋转速度与体积流量近似成比例。通过流量计的流体体积示值是以涡轮叶片转数为基准的。当气流进入流量计时，首先经过机芯的前导流体并加速，在流体的作用下，由于涡轮叶片与流体流向成一定角度，此时涡轮产生转动力矩，在涡轮克服阻力矩和摩擦力矩后开始转动，当诸力矩达到平衡时，转速稳定，涡轮转动角速度与流量呈线性关系，对于机械计数器式的涡轮流量计，通过传动机构带动计数器旋转计数。对于采用电子式流量积算仪的流量计，通过旋转的发信盘或信号传感器以及放大电路输出代表涡轮旋转速度的脉冲信号，该脉冲信号的频率与流体体积流量成正比，即

$$f = Kq \tag{2-1}$$

式中　K——涡轮流量计的仪表系数（1/L 或 1/m^3），其代表单位体积流体通过流量计时输出的脉冲数。

在流量计的使用范围内，K 应该是一个常数，其值由标定给出。有些流量计采用多段（如5段）仪表系数，通过计算机进行非线性修正，这样仪表的准确度会更高。当涡轮流量计作为标准表使用时，一般采用这种方法来提高仪表的准确度。图 2-29 所示为涡轮流量计的典型结构。

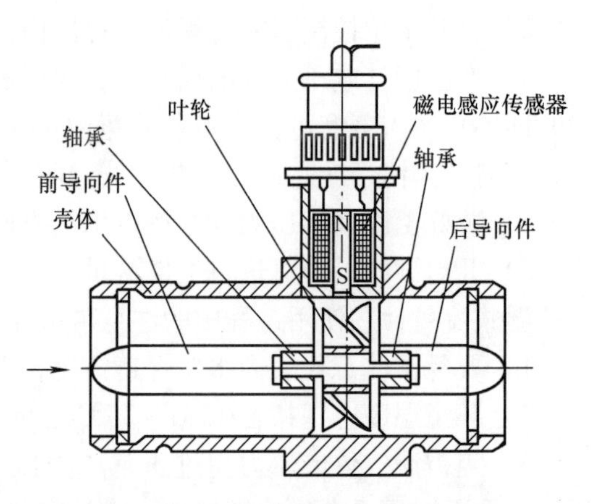

图 2-29　涡轮流量计的典型结构

涡轮流量传感器一般由壳体、导流件、涡轮、轴与轴承、加油润滑系统、传动机构，温度、压力及流量信号传感器，高低频脉冲发生器等组成。典型的气体涡轮流量计的结构如图 2-30 所示。在传感器显示装置上附加气体体积积算仪，把传感器测量的实际体积流量经压力、温度修正后，转换为标准状态下的体积流量。不同厂家的产品结构大同小异，但其主要部件基本一致。

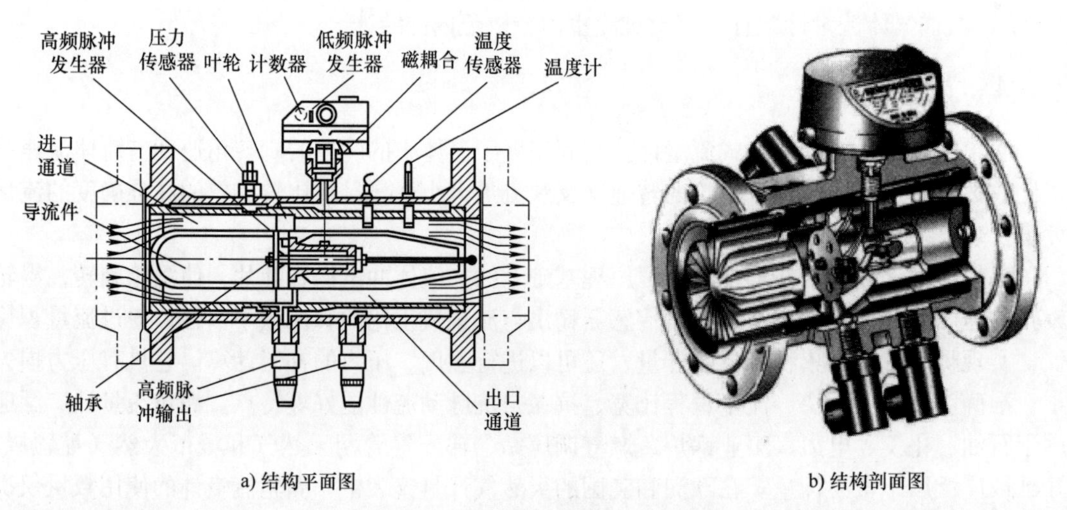

图 2-30　气体涡轮流量计的结构

（1）壳体　壳体是传感器的主体部件，它起到承受被测流体的压力，固定安装检测部件，连接管道的作用。一般采用不导磁铸钢、不锈钢或硬铝合金制造。

（2）导流件 导流件一般安装在传感器进出口，其对流体起导向整流和支承叶轮的作用，通常选用不导磁不锈钢或硬铝材料制作。反推式涡轮流量传感器的后导流件还要求能产生足够的反推力，其结构型式很多。

（3）涡轮 也称叶轮，是传感器的检测元件，它由高导磁性材料制成。叶轮有直板叶片、螺旋叶片和丁字形叶片等几种，叶片数视口径大小和测量介质而定，涡轮由支架中的轴承支承。涡轮的几何形状及尺寸对传感器性能有较大影响，应根据流体性质、流量范围和使用要求等设计。涡轮的动平衡很重要，直接影响仪表性能和使用寿命。

（4）轴与轴承 轴与轴承用于支承叶轮旋转，其有足够的刚度、强度、硬度、耐磨性和耐蚀性等，它决定着传感器的可靠性和使用期限。传感器失效通常是由轴与轴承引起的，因此它的结构与材料的选用以及维护很重要。

（5）加油润滑系统 加油润滑系统由油杯组件、止回阀（单向阀）、油管、接头、密封圈和储油管等组成。对于多数轴承需要强制加油润滑，以防止轴承磨损，同时采用内藏式储油管，可有效避免因一次加油过量影响仪表精度及污染机芯，也可有效避免使用过程中因失油造成轴承损伤。

（6）传动机构 传动机构由蜗杆、连杆、磁耦合和齿轮组等组成，将涡轮的转动按一定的速比传动给机械计数器。

（7）温度、压力传感器 温度传感器为铂电阻，压力传感器一般为硅压阻式压力传感器。

（8）流量信号传感器 又称为前置放大器或发信器，就是把涡轮的旋转信号转换为脉冲信号，常用的传感器为变磁阻式传感器，一般由永久磁钢、导磁棒（铁心）和线圈等组成。

（9）高低频脉冲发生器 一般为感应式脉冲发生器，可以将机械计数器的读数按一定的脉冲当量转换成高频脉冲信号传输或为体积修正仪输出低频脉冲信号。

常用的气体涡轮流量计如图2-31所示。

图2-31 常用的气体涡轮流量计

涡轮流量计依据其涡轮流量传感器结构的不同可以分为轴流型涡轮流量计、切向式涡轮流量计、自校正双涡轮流量计和插入式涡轮流量计等类型。

2. 涡轮流量计的优点

1）耐压高，计量准确度高。

2）结构简单，安装维护容易。

3）尺寸小，重量轻。

4）输出脉冲信号，易与计算机配套。

3. 涡轮流量计的缺点

1）易受黏度变化的影响。

2）测量范围适中，不适用于流量变化频繁的场合。

3）对管道内流体的速度分布有一定的要求，流量计前必须有一定的直管段，以形成稳定的速度分布，从而满足计量要求。

4. 涡轮流量计仪表系数与流量的关系

涡轮流量计的仪表系数与流量的关系曲线如图 2-32 所示。由图可见，仪表系数可分为两段，即线性段和非线性段。

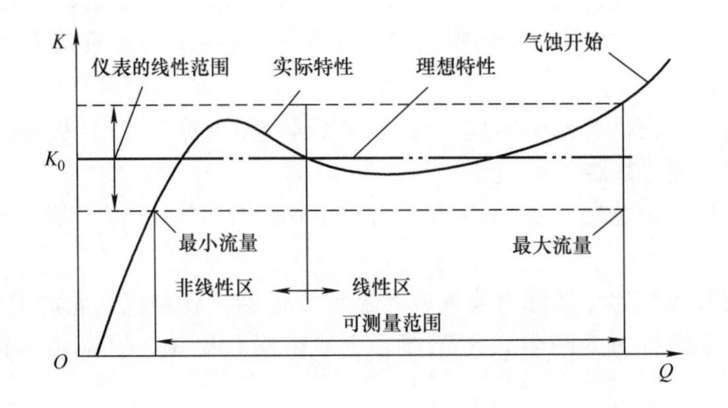

图 2-32　涡轮流量计的仪表系数与流量的关系曲线

在线性段，其特性与传感器结构尺寸有关；在非线性段，其特性受轴承摩擦力和流体黏性阻力影响较大。当流量低于传感器流量下限时，仪表系数随着流量迅速变化。当流量超过传感器流量上限时，要注意防止空穴现象。

结构相似的涡轮流量计的特性曲线形状也是相似的，仅在系统误差方面有所不同。对于涡轮流量计，一般将计量准确度分为两段，即以 $0.2q_{max}$ 为分界流量点，在分界流量到最大流量为一段，对于 1 级涡轮流量计，该段的相对示值误差应小于或等于 ±1%，而最小流量到分界流量 $0.2q_{max}$ 的相对示值误差应小于或等于 ±2%。

涡轮流量计应水平安装，在流量计后安装钢制伸缩器（补偿器），伸缩器必须符合管道设计的公称通径和公称压力的要求。直管段要求，至少前直管段大于或等于公称通径的 2 倍，后直管段大于或等于公称通径（对前直管段前有弯管、异径管和调压阀等安装方式均适合）；流量计前必须安装过滤器。DN80 ~ DN300 的涡轮流量计也可采用垂直安装方式，但在定型时要特殊要求，垂直安装时气流应从上而下通过。

涡轮流量计一般安装在环境周围无腐蚀性气体、机械振动小、灰尘少且远离热源的场所。对于配有体积修正仪的智能型流量计，还应有符合规定的电磁环境。使用环境温度一般为 -20℃ ~60℃。

2.2.5　气体超声流量计（超声波燃气表）

按测量原理，超声波流量计可分为传播速度差法（时差法、相差法和频差法）、波束偏移法、多普勒法、互相关法、空间滤法及噪声法等多类型，而气体超声流量计（超声波燃气表）主要是采用时差法的原理来进行测量。

20 世纪 70 年代中期，欧美先后研制成功气体超声流量计，但技术上并不成熟。直到 20 世纪 90 年代中后期，才出现了较完善和成熟的产品。由于使用了高新技术，流量计已能测量微小时差，分辨力已达 1mm/s，已能测量小流量和双向气体流量。在工程应用和国际天然气贸易中，其有取代传统仪表的趋势。在巨大商机驱使下，各国生产厂商纷纷投入巨资争先开发气体超声流量计。我国天然气“西气东输”工程，也部分采用了气体超声流量计进行计量。

1. 工作原理与结构

气体超声流量计（超声波燃气表）主要由表体、超声波换能器、信号处理单元、电子线路、流量显示和通信系统等几大部分构成，流量计通常配置流量计算机或体积修正仪使用。气体超声流量计依据其结构方式的不同，有接触式和外夹式两类。接触式流量计的换能器直接与被测流体接触，外夹式流量计的换能器紧密安装在管道外壁。

气体超声流量计（超声波燃气表）以测量声波在流动介质中传播的时间与流量的关系为原理。通常认为声波在流体中的实际传播速度是由介质静止状态下声波的传播速度（c_f）和流体轴向平均流速（v）在声波传播方向的分量组成。如图 2-33 所示，超声波在流体中顺流传播的时间和逆流传播的时间计算公式如下：

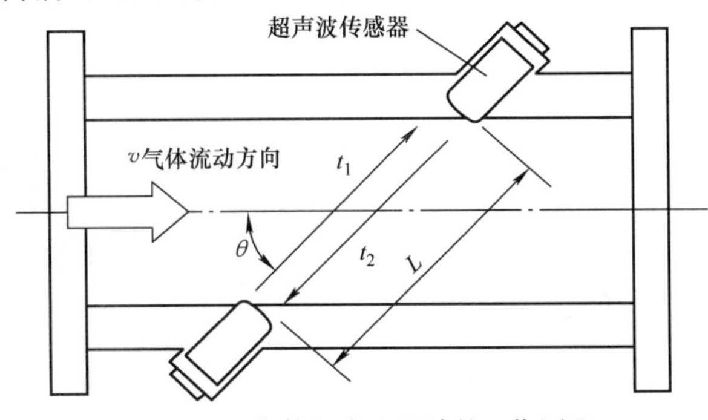

图 2-33　气体超声流量计的工作原理

$$t_1 = \frac{L}{c_f + v\cos\theta} \tag{2-2}$$

$$t_2 = \frac{L}{c_f - v\cos\theta} \tag{2-3}$$

式中　t_1——超声波在流体中顺流传播的时间；

t_2——超声波在流体中逆流传播的时间；

L——声道长度；

c_f——声波在流体中传播的速度；

v——流体的轴向平均流速；

θ——声道角。

通过式（2-2）和式（2-3），可得流体流速的计算公式为

$$v=\frac{L}{2\cos\theta}\left(\frac{1}{t_1}-\frac{1}{t_2}\right) \tag{2-4}$$

同理，声波在流体中的传播速度 c_f 为

$$c_f=\frac{L}{2}\left(\frac{1}{t_1}+\frac{1}{t_2}\right) \tag{2-5}$$

测得的多个声道的流体流速为 $v_i(i=1,2,\cdots,k,k$ 为声道数），利用数学的函数关系，可得到管道平均流速的估计值 $\bar{v}$，乘以流体流经的截面积 A，即可得到体积流量 q_V。

$$\bar{v}=f(v_1,v_2,\cdots,v_k) \tag{2-6}$$

$$q_V=A\bar{v} \tag{2-7}$$

气体超声流量计由换能器和转换器组成，其结构如图 2-34 所示。

（1）换能器　也称为超声波探头，利用磁致伸缩效应或压电效应，通过换能器将高频电能转换为机械振动，既可以发射超声波，也可以接收超声波。发射换能器是利用压电元件的逆压电效应，而接收换能器是利用压电效应。压电材料一般为锆钛酸铅。换能器的安装固定方式一般分为便携式和固定式，便携式换能器可以随意移动，夹装在管道外表面，不与流体接触，一般为单声道。固定式换能器固定在管上，与流体接触，声道可以是单声道，也可以是双声道或多声道，它又可分为标准管段型和插入型等。

（2）转换器　也称为控制器或变送器，通常由中央处理器（CPU）、控制单元、发射单元、接收单元和显示单元等几部分组成。一般的气体超声流量计，都可以显示瞬时流量、累积流量、流动方向以及温度、压力等参数。

常见的气体超声流量计如图 2-35 所示。

图 2-34　气体超声流量计的结构　　图 2-35　常见的气体超声流量计

2. 气体超声流量计（超声波燃气表）的优点

随着科技水平的不断提高以及现代工艺水平的不断提升，气体超声流量计具有以下优点：

1）准确度高、重复性好。

2）可精确测量脉动流。

3）双向流量计量。

4）始动流量小，量程比较宽。

5）无可动部件，无压力损失，维修量小。

6）换能器的更换可在带压条件下进行。

7）在使用现场可以干法校验。

3. 气体超声流量计（超声波燃气表）的缺点

1）适用温度范围不高，一般只能测量温度低于200℃的流体。

2）抗干扰能力差，易受气泡、结垢、泵及其他声源混入的超声杂音干扰，影响测量精度。

3）直管段要求严格。超声流量计在不安装整流器的情况下，应保证流量计前直管段管径大于或等于10*D*（*D* 表示直管段的管道直径，后同），流量计后直管段管径大于或等于5*D*，否则离散性差，测量精度低。

4）安装的不确定性会给流量测量带来较大误差。

5）测量管道结垢，会严重影响测量准确度，带来显著的测量误差，甚至在严重时仪表无流量显示。

6）受电子元器件生产工艺、质量等影响明显。

4. 国内主要产品介绍

气体超声流量计（超声波燃气表）是新一代全电子计量器具，采用高精度的超声波计量模块实现燃气准确计量，具有高精度、高可靠度、宽量程、耐久性好、带有温压补偿等特点，可广泛应用于居民用户、地暖用户、小商户和工商业用户的燃气计量，有效解决了由于量程范围不能满足实际需要和温度、压力变化等情况导致的计量损失问题，提高了燃气公司的精细化管理能力。

国内气体超声流量计（超声波燃气表）的产品较少，辽宁思凯科技股份有限公司属于行业内较早投入此类表型研发的企业，从2000年开始，就与北京大学、中国科技大学、大连理工大学等高校合作，致力于超声波技术在燃气计量、智能感知、物联网等领域的应用，历经多年的研发积累和生产实践，率先在国内推出了G1.6、G2.5、G4、G6、G10、G16、G25、G40、G65全量程、全系列超声波燃气表，并于2011年最先实现了实际商用。

气体超声流量计（超声波燃气表）的全电子计量属性，使其天生具有智能化特性，与当前的物联网技术相结合，可以极大地提高燃气公司对燃气计量的管理能力，可根据要求采集不同时段的用气数据，实现以数据为支撑的科学化管理，可以对一些非正常用气做出应对操作，极大地减少燃气事故的发生，同时还可以提高燃气公司对用户的服务能力，实现以客户为中心的公用事业服务。

智能气体超声流量计（超声波燃气表）可以实现的功能有：表端或后台结算；同时存储744h、200天、120个月的用气量等信息；本地端口信息读取；防拆表、防反向安装；智能识别及切断阀门；温度、压力实时补偿；支持阶梯气价与远程阀控、远程抄表、异常状态主动报警等。

智能气体超声流量计（超声波燃气表）产品，依据其适用对象和使用范围的不同，通常又分为宽量程家用超声波燃气表和工商业超声波流量计两类。

（1）宽量程家用超声波燃气表　图2-36所示为SCU－6型宽量程家用超声波燃气表。超声波燃气表的宽量程使其主要适用于以下四类用户：

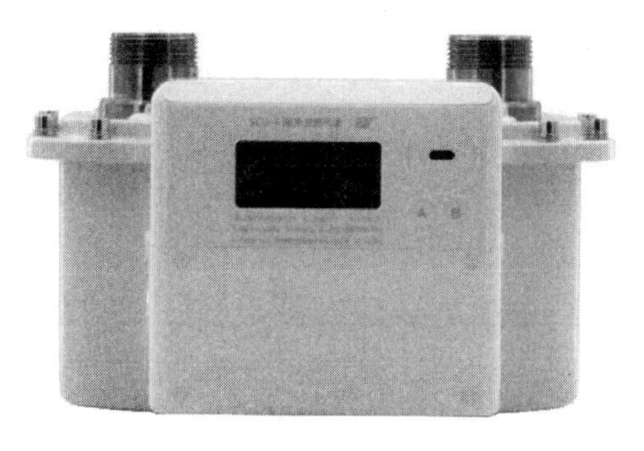

图2-36　SCU－6型宽量程家用超声波燃气表

1）用气量不平衡，需要同时满足小流量和大流量计量的一户多表用户。

2）用气季节性差异较大的煤改气和燃气采暖（壁挂炉）用户。

3）受温度和压力影响较大的户外挂表用户。

4）性价比要求高，易出现气损，需要修正的小工商业用户。

SCU 型宽量程家用超声波燃气表的主要技术参数见表 2-4。

表 2-4　SCU 型宽量程家用超声波燃气表的主要技术参数

型号	SCU－G4X	SCU－G6X
流量范围	0.016m³/h～6m³/h	0.016m³/h～10m³/h
工作电压	3.6V（锂电）/4.5V、6.0V（碱电）	3.6V（2 节锂电池）
电池寿命	设计寿命：11 年，使用寿命：10 年（锂电池）	4 年（计量用），3 年（通信用）
工作温度	－25℃～55℃	
阀门	内置步进电动机阀	
计量等级	1.5 级	
最大工作压力	50kPa	
大气压力	86kPa～106kPa	
相对湿度	≤95% RH	
表具寿命	10 年	
防护等级	IP67	
通信方式	NB－IoT/Cat1/4G	
适用气质	天然气、空气	

（2）工商业超声波流量计　图 2-37 所示为 SCU－40 型工商业超声波流量计。其主要适用于以下四类用户：

1）安装分散，表具管理困难的工商业用户。

2）易受压损影响，用气量巨大的工商业用户。

3）偷盗气情况严重，需要反向监测的工商业用户。

图 2-37　SCU－40 型工商业超声波流量计

4）需要支持标况体积输出和工况体积输出的工商业用户。

SCU 型工商业超声波流量计的主要技术参数见表 2-5。

表 2-5　SCU 型工商业超声波流量计的主要技术参数

型号	SCU－G6	SCU－G10	SCU－G16	SCU－G25	SCU－G40
流量范围	0.06m³/h～10m³/h	0.1m³/h～16m³/h	0.16m³/h～25m³/h	0.25m³/h～40m³/h	0.1m³/h～65m³/h
计量等级	1.5 级				
最大工作压力	50kPa				

（续）

型号	SCU - G6	SCU - G10	SCU - G16	SCU - G25	SCU - G40
工作温度	-25℃ ~55℃				
阀门	内置步进电动机阀				
工作电压	3.6V				
电池寿命	设计寿命：11 年，使用寿命：10 年（锂电池）				
大气压力	86kPa ~ 106kPa				
相对湿度	≤95% RH				
表具寿命	10 年				
防护等级	IP67				
通信方式	NB - IoT/Cat1/4G				
适用气质	天然气、空气				

2.2.6　热式流量计（热式燃气表）

热式流量计是利用流体流过外热源加热的管道时产生的温度场变化来测量流体质量流量，或利用加热流体时流体温度上升某一值所需的能量与流体质量之间的关系来测量流体质量流量的一种流量仪表。热式流量计如图 2-38 所示。

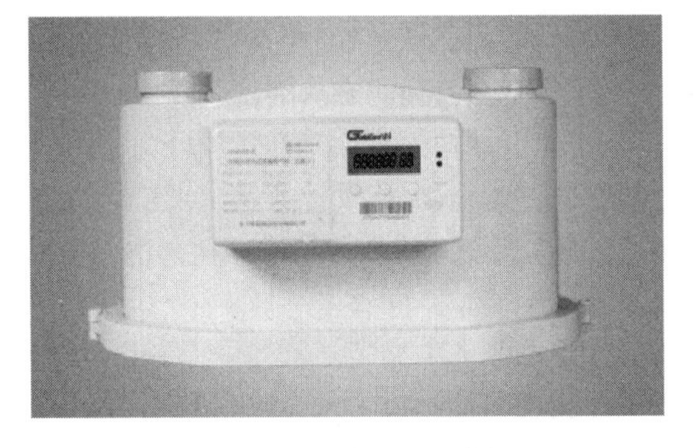

图 2-38　热式流量计

1. 工作原理与结构

热式流量计是通过测量气体流经流量计内加热元件时的冷却效应来计量气体流量的。气体通过的测量段内有两个热阻元件，其中一个作为温度传感元件，另一个作为加热器。温度传感元件用于检测气体温度，加热器则通过改变电流来保持其温度与被测气体的温度之间有一个恒定的温度差。气体流速越大，冷却效应越大，保持热电阻间恒温的电流也越大。该热传递正比于气体质量流量，即供给电流与气体质量流量有一对应的函数关系来反映气体的流量。

2. 热式流量计（热式燃气表）的优点

1）压损小、可靠性好，故障少。

2）宽量程比，可测量流速范围为 0.5m/s ~ 100m/s（标态下）的气体，可以用于气体检漏。

3）抗振性能好，使用寿命长。传感器无活动部件和压力传感部件，不受振动对测量精度的影响。

4）安装维修简便。在现场条件允许的情况下，可以实现不停产安装和维护。

5）数字化设计。整体数字化电路测量，测量准确、维修方便。

6）RS -485 或 HART 通信，便于实现计量系统的自动化、集成化。

3. 热式流量计（热式燃气表）的缺点

1）响应慢，被测量气体组分变化较大的场所，其测量值会有较大变化而产生较大误差。

2）对小流量而言，仪表会给被测气体带来相当热量。

3）被测气体若在管壁沉积垢层影响测量值，必须定期清洗；对细管型仪表更有易堵塞的缺点，一般情况下不能使用。

4）热式流量计是一个整体部件的流量计，如果其中一个小部件损坏，就要更换整个热式流量计，在维修和更换方面比较麻烦。

5）对脉动流在使用上受到限制。

6）液体用热式流量计对于黏性液体在使用上受到限制。

2.2.7 流体振动式流量计

1. 工作原理与结构

常用的流体振动式流量计有旋涡式流量计，按照其形成旋涡的方式又分为旋进式和涡街式两种。旋进旋涡流量计是一种旋涡进动型流量计，它的旋涡流谱为螺旋形旋涡旋进运动。涡街流量计是在流体中安放一根非流线型旋涡发生体，流体在发生体两侧交替地分离释放出两串规则且交错排列的旋涡的仪表。

涡街流量计按频率检出方式可分为应力式、应变式、电容式、热敏式、振动体式、光电式及超声式等。涡街流量计虽然出现较晚，但其发展迅速，目前已得到广泛应用。

2. 流体振动式流量计的优点

1）结构简单牢固。

2）适用流体种类多。

3）精度较高。

4）范围度宽。

5）压损小。

3. 流体振动式流量计的缺点

1）不适用于低雷诺数测量。

2）需较长直管段。

3）仪表系数较低（与涡轮流量计相比）。

4）仪表在脉动流、多相流中尚缺乏应用经验。

2.2.8 差压式流量计

1. 工作原理与结构

差压式流量计的工作原理是，流体流经一个收缩（节流）件时，流体将被加速。这种流体的加速将使它的动能增加，而同时按照能量守恒定律，在流体被加速处它的静压力一定会降低一个相对应的值。充满管道的流体流经管道内的节流装置，流束在节流件处形成局部收缩，从而使流速增加、静压力降低，于是在节流件前后产生了静压力差（或差压）。流体的流速越大，在节流件前后产生的差压也越大。因此，通过测量差压的方法可测量流量。差压式流量计的工作原理如图 2-39 所示。

在已知相关参数的条件下，根据流动连续性原理和伯努利方程可以推导出差压与流量之间的关系而求得流量。流过截面的气体质量流量 q_m 和流过截面的气体体积流量 q_V 的计算公式如下：

$$q_m = \frac{\pi}{4}d^2 \frac{C\varepsilon}{\sqrt{1-\beta^4}}\sqrt{2\Delta p \cdot \rho} \tag{2-8}$$

$$q_V = \frac{\pi}{4}d^2 \frac{C\varepsilon}{\sqrt{1-\beta^4}}\sqrt{2\Delta p/\rho} \tag{2-9}$$

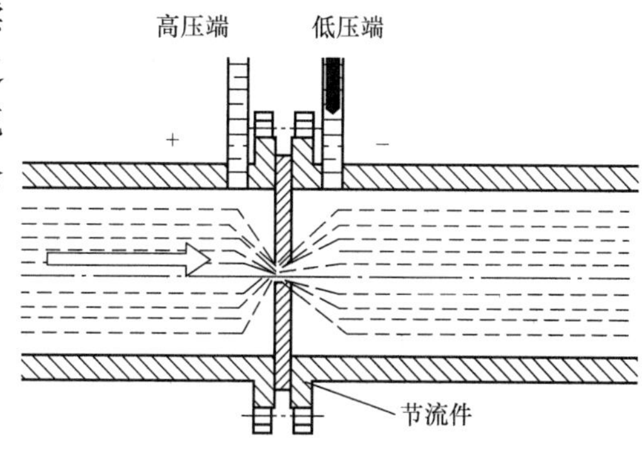

图 2-39　差压式流量计的工作原理

式中　q_m——流过截面的气体质量流量（kg/s）；

q_V——流过截面的气体体积流量（m^3/s）；

d——工作条件下节流件的节流孔或喉部直径（mm）；

C——流过系数；

ε——可膨胀系数；

β——直径比，$\beta = \frac{d}{D}$；

D——工作条件下上游管道内径（mm）；

Δp——差压（Pa）；

ρ——流体的密度（kg/m^3）。

差压式流量计的分类原则大致上有以下三种：

（1）按产生差压的作用原理分类　其可分为节流式、动压式、水力阻力式、离心式、动压增压式和射流式。其中节流式是差压式流量计的主要类型。

（2）按结构型式分类　其可分为标准孔板、标准喷嘴、经典文丘里管、标准文丘里喷嘴、圆缺孔板、耐磨孔板、环形孔板和锥形入口孔板等 20 多种。

（3）按用途分类　其可分为标准节流装置、脏污流节流装置、低雷诺数节流装置、低压损节流装置、宽量程节流装置、小管径节流装置和临界流节流装置等。

2. 差压式流量计的优点

1）差压式流量计中的标准节流件可采用国际标准进行加工，若得到国际标准组织的认可，则无须实流校准，即可投入使用，这在流量计中也是唯一的。

2）结构易于复制，简单、牢固、性能稳定可靠、价格低廉。

3）应用范围广，包括全部单相流体（液、气、蒸汽）、部分混相流，一般生产过程的管径、工作状态（温度、压力）皆有适用的产品。

4）检测件和差压显示仪表可分开不同厂家生产，便于专业化规模生产。

3. 差压式流量计的缺点

1）测量的重复性、精确度在流量计中属于中等水平，由于众多因素的影响错综复杂，精确度难以提高。

2）测量范围窄，由于流量系数与雷诺数有关，量程比也仅为 3:1 ～ 4:1。

3）直管段长度要求高，一般难以满足，尤其对较大管径，问题更加突出。

4）计量过程中造成的压力损失大。

5）孔板以内孔锐角线来保证精度，因此对腐蚀、磨损、结垢和脏污敏感，长期使用精度难以保证，需每年拆下进行一次检定。

6）采用法兰连接，易产生跑、冒、滴、漏问题，增加了维护工作量。

2.2.9 临界流流量计

实际上，临界流流量计属于差压式流量计范畴之内。只不过差压式流量计的一次仪表（即节流装置）的流动状态为亚声速流动，其流量不仅与上游压力有关，还与下游压力有关，流出系数不仅与喉部雷诺数有关，还与马赫数有关。而临界流流量计的一次仪表临界流喷嘴或临界流文丘里喷嘴在其喉部气流速度达到声速，马赫数等于1。所以其流量只与上游压力有关，而与下游压力无关，流出系数只与喉部雷诺数有关。因此，临界流流量计结构简单、性能稳定、体积小、没有可动部件、准确度高。在实际使用时，其气源形式既可采用高压（如压缩机组），也可采用负压（如真空泵组）。目前，临界流文丘里喷嘴作为气体流量标准器多用于离线或在线测量，如作为实验室的气体流量标准装置对流量计进行检测，还可在天然气流量计量中作为在线标准，对现场的大口径气体流量计进行检测等。

1. 工作原理与结构

当气体流经一个渐缩喷嘴时，如果保持喷嘴上游压力 p_0 和温度 T_0 不变，使其下游压力 p_2 逐渐减小，则通过喷嘴的气体质量流量 q_m 将逐渐增加。当下游压力 p_2 下降到某一压力 p_c 时，通过喷嘴的质量流量将达到最大值 q_{max}，此时喷嘴出口的流速已达到当地声速 a。如果继续降低下游压力 p_2，通过喷嘴的质量流量将不再增加（图2-40），流速也保持声速不变。我们将喷嘴出口的流速达到声速的压力 p_c 称为临界压力，p_c/p_0 称为临界压力比，此时通过喷嘴的流量称为临界流量。只要使喷嘴出口的压力 p_2 小于 p_c，那么，即使 p_2 有所变动，通过喷嘴的流量也将保持为临界流不变。所以，可以利用临界流喷嘴的这种“恒流”特性来标定气体流量计。为了简化问题，其流量公式可由简化的流体力学模型（理想气体、一维、定常及等熵流）推导出来，然后加以系数修正求得实际流量。声速喷嘴的结构和流量特性如图2-40所示。

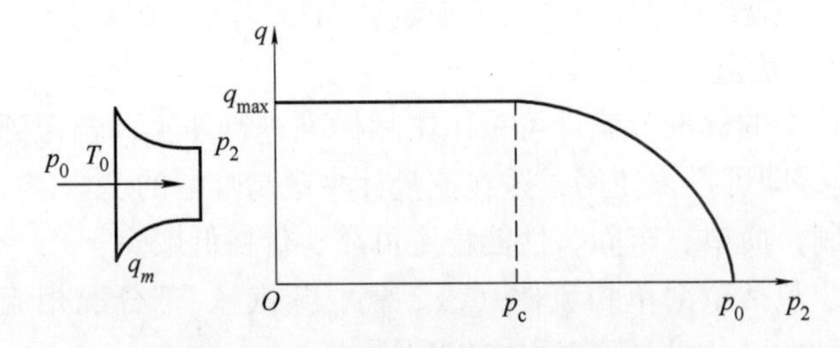

图2-40　声速喷嘴的结构和流量特性

2. 临界流流量计的优点

临界流喷嘴作为一级传递标准，具有很好的复现性，可以进行在线测量；其次，不受喷嘴上游端流速分布的影响，其流量值仅取决于喷嘴上游的流体参数，不受下游压力变化的影响；通过喷嘴的质量流量与入口滞止压力呈线性关系，既不需要测量差压，也无须在流速有剧烈变化之处测量静压；最后，其配套仪表温度、压力等参数的范围受限制程度较小，在同样的流量测量范围内，无论体积、价格等都比同等精度的其他流量标准装置经济性更好一些。

临界流流量计通过测量介质流经文丘里管时产生的静压差来确认流量数值。它具有结构简单、精度较高、压损小、不易磨损、维护量小、可以干标等优点。在标定各种气体流量计的高压大流量特性，特别是各种应用系统的在线标定，起到了其他气流量标准所不能替代的作用。它作为一种气体流量计，也有许多差压式流量计不可比拟的优点。

3. 临界流流量计的缺点

临界流流量计也有其使用缺点，如对直管段有较高要求，流体对喉管的冲刷和磨损严重，无法保证长时间测量精度，对被测流体压力损失较大，测量过程中能耗大等，这些同样也限制了其流量计产品的发展应用与推广。

2.3　其他配套计量仪表

气体流量与气体的温度、压力密切相关，因此在气体流量测量过程中压力、温度及相关修正或标准参比条件下转换的仪表也一样得到广泛的应用。

2.3.1　压力变送器

1. 电动力平衡式差压变送器

电动力平衡式差压变送器的构成框图如图 2-41 所示，它包括测量部分、杠杆系统、位移检测放大器及电磁反馈机构。测量部分将被测差压 Δp_i 转换成相应的输入力 F_i，该力与电磁反馈机构输出的作用力 F_f 一起作用于杠杆系统，使杠杆产生微小的偏移，再经位移检测放大器转换成统一的直流电流输出信号。

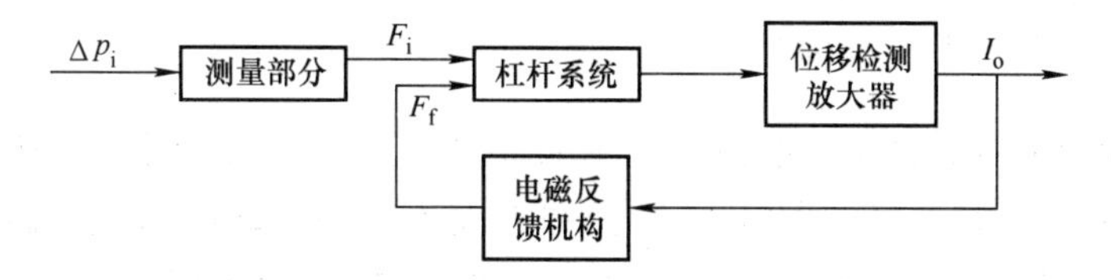

图 2-41　电动力平衡式差压变送器的构成框图

这类差压变送器是基于力矩平衡原理工作的，它以电磁反馈力产生的力矩来平衡输入力产生的力矩。由于采用了深度负反馈，故测量精度较高，而且保证了被测差压 Δp_i 和输出电流 I_o 之间的线性关系。

在电动力平衡式差压变送器的杠杆系统中，目前已广泛采用了固定支点的矢量机构，并用平衡锤使副杠杆的重心与其支点相重合，从而提高了仪表的可靠性和稳定性。

这类差压变送器的主要性能指标：基本误差一般为 ±0.25%，低差压为 ±1%，微差压为 ±1.5% 或 ±2.5%，变差为 ±2.5%，灵敏度为 ±0.05%。

电动力平衡式差压变送器的工作原理如图 2-42 所示。

被测差压信号 p_1、p_2 分别引入测量元件 3 的两侧时，膜盒将两者之差（Δp_i）转换为输入力 F_i。该力作用于主杠杆 5 的下端，使主杠杆以轴封膜片 4 为支点而偏转，并以力 F_1 沿水平方向推动矢量机构 8。矢量机构 8 将推力 F_1 分解成 F_2 和 F_3，F_2 使矢量机构的推板向上移动，并通过连接簧片带动副杠杆 14，以 M 为支点沿逆时针方向偏转。这使固定在副杠

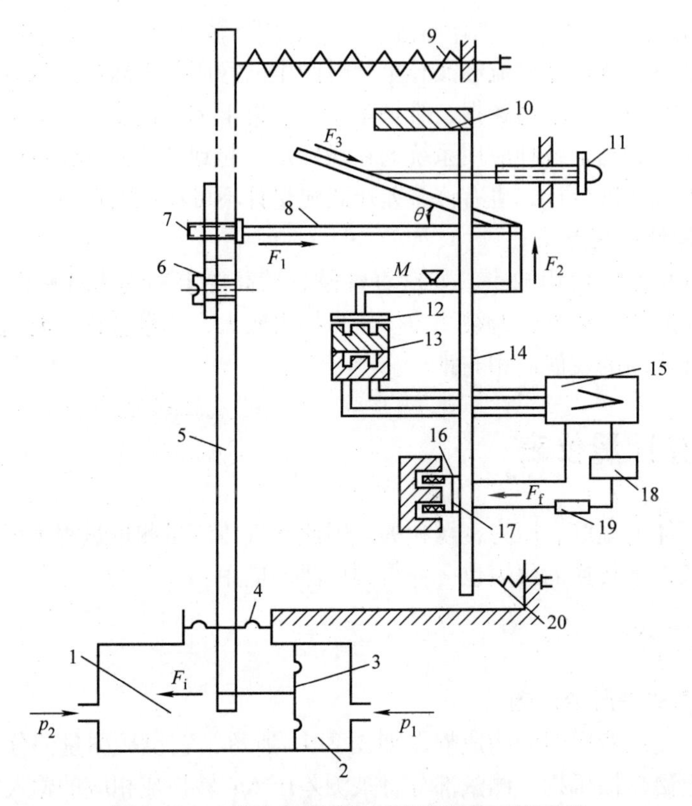

图 2-42　电动力平衡式差压变送器的工作原理

1—低压室　2—高压室　3—测量元件（膜盒、片）　4—轴封膜片　5—主杠杆　6—过载保护簧片　7—静压调整螺钉　8—矢量机构　9—零点迁移弹簧　10—平衡　11—量程调整螺钉　12—检测片（衔铁）　13—差动变压器　14—副杠杆　15—放大器　16—反馈动圈　17—永久磁钢　18—电源　19—负载　20—调零弹簧

杆上的差动变压器 13 的检测片（衔铁）12 靠近差动变压器，两者间的气隙减小。检测片的位移变化量通过低频位移检测放大器 15 转换并放大为 4mA ~ 20mA 的直流电流 I_o，作为变送器的输出信号。同时，该电流又流过电磁反馈机构的反馈动圈 16，产生电磁反馈力 F_f，使副杠杆沿顺时针方向偏转。当反馈力 F_f 所产生的力矩和输入力 F_i 所产生的力矩平衡时，变送器便达到一个新的稳定状态。此时，放大器的输出电流 I_o 反映了被测差压 Δp_i 的大小。

2. 电容式差压变送器

电容式差压变送器是将压力的变化转换成电容量的变化进行测量的，是美国罗斯蒙特公司于 1959 年研制的，这项技术于 1969 年正式发表，并首先用于军事工业，随后各国以此相继开始研制；我国于 20 世纪 70 年代末开始生产电容式差压变送器，如西安仪表厂的 1151 系列电容式差压变送器（引进美国罗斯蒙特公司技术）和兰州炼油厂仪表厂的 FC 系列电容式差压变送器（引进日本富士电机公司技术）。

电容式差压变送器是微位移式变送器，它以差动电容膜盒作为检测元件，并且采用全密封熔焊技术。因此，整机的精度高、稳定性好、可靠性高、抗振性强，其基本误差一般为 ±0.2% 或 ±0.25%。

敏感元件的中心感压膜片是在施加预张力条件下焊接的，其最大位移量为 0.1mm，既可使感压膜片的位移与输入差压呈线性关系，又可大大减小正、负压测量室法兰的张力和力矩影响而产生的误差。中心感压膜片两侧的固定电极为弧形电极，可以有效地克服静压的影响和更有效地起到单向过压的保护作用。

电容式差压变送器采用二线制连接方式，输出电流为 4mA ~ 20mA 的国际标准统一信号，可与其他接收 4mA ~ 20mA 信号的仪表配套使用，构成各种控制系统。

电容式差压变送器设计小型化、品种多、型号全，可以在任意角度下安装而不影响其精度，量程和零点外部可调，安全防爆，全天候使用，即安装、调校和使用非常方便。

1151 系列电容式差压变送器如图 2-43 所示。下面以 1151 系列电容式差压变送器为例介绍电容式差压变送器的工作原理。

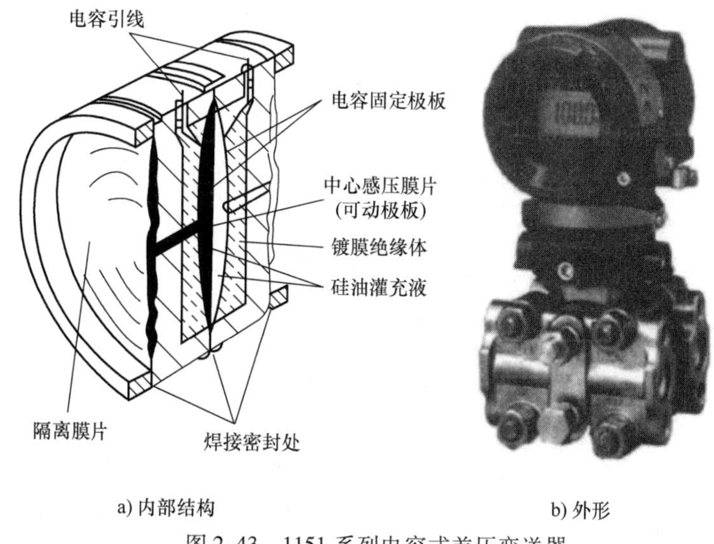

a) 内部结构　　b) 外形

图 2-43　1151 系列电容式差压变送器

电容式敏感元件称为 δ 室，具有完全相同的两室，每室由玻璃与金属杯体烧结后，磨出球形凹面，再镀一层金属薄膜，构成电容器的固定极板。感压膜片焊接在两个杯体之间，为电容器的可动极板。杯体外侧焊上隔离膜片，并在膜片内侧的空腔内充满硅油或氟油，以便传递压力。

当被测压力作用于隔离膜片时，通过灌充液使感压膜片产生位移，其位移量和压差成正比，从而改变了可动极板与固定极板间的距离，引起电容量的变化，形成差动电容并通过引线传给测量电路，经测量电路的检测，放大转换成 4mA ~ 20mA 的信号。

当 δ 室过载时，感压膜片紧贴在球形凹面上，从而保证了单向受压时不致损坏。

电容式差压变送器由测压部件、电容/电流转换电路、放大和输出限制电路三部分组成，其构成框图如图 2-44 所示。

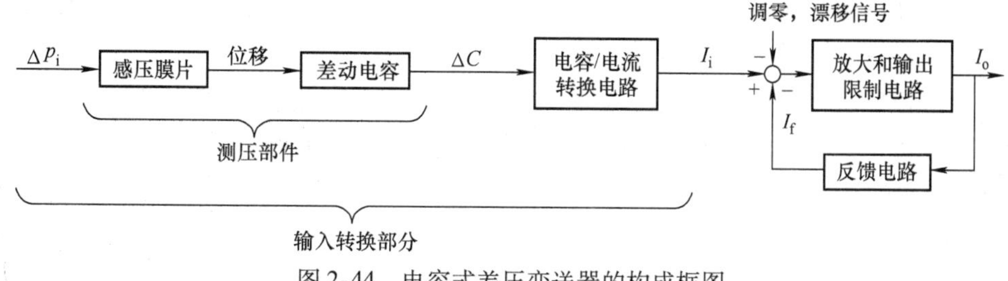

图 2-44　电容式差压变送器的构成框图

3. 智能压力变送器

20 世纪 80 年代初，随着计算机技术和通信技术的飞速发展，美国霍尼韦尔（Honeywell）公司率先推出了 ST3000 系列智能压力变送器。图 2-45 所示为 ST3000 系列智能压力变送器的工作原理框图。

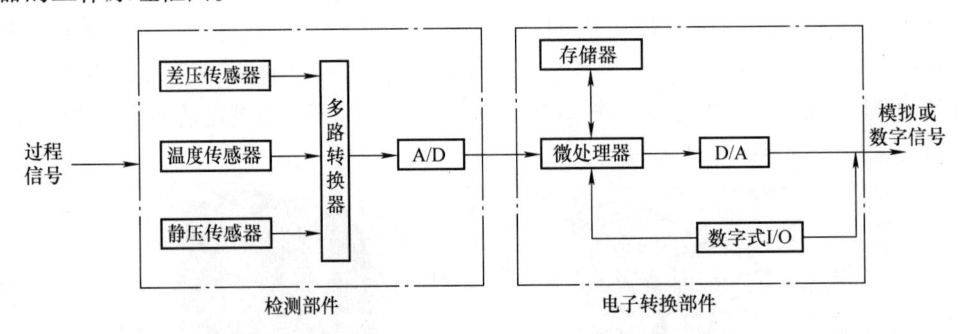

图 2-45　ST3000 系列智能压力变送器的工作原理框图

智能压力变送器的核心是微处理器，利用微处理器的运算和存储能力，可以对传感器的测量数据进行计算、存储和数据处理，包括对测量信号的调理（如滤波、放大、A/D 转换等）、数据显示、自动校正和自动补偿等；还可以通过反馈回路对传感器进行调节，使采集数据达到最佳。由于微处理器具有各种软、硬件功能，因此可以完成传统变送器难以完成的工作。

ST3000 系列智能压力变送器具有优良的性能和出色的稳定性，它能测量气体、液体和蒸汽的流量、压力和液位，对于被测量的差压可输出 4mA ~ 20mA 的模拟量信号或数字量信号。

ST3000 系列智能压力变送器由检测部件和电子转换部件两大部分组成。其检测部件为高级扩散硅传感器，当被测过程压力或差压作用在隔离膜片上时，通过封入液传到膜盒内的传感器硅片上，使其应力发生变化，因而其电阻值也跟着变化。通过电桥产生与压力成正比的电压，再经 A/D 转换器转换成数字信号后送入电子转换部件中的微处理器。在传感器的芯片上，还有两个辅助传感元件：一个是温度传感元件，用于检测表体温度；另一个是压力传感元件，用于检测过程静压。温度和静压的模拟值也被转换成数字信号，并送至转换部件中的微处理器，微处理器对以上信号进行转换和补偿运算后，输出相应的 4mA ~ 20mA 模拟量信号或数字量信号。

变送器在制作过程中所有的传感器经受了整个工作范围内的压力和温度循环测试，测试数据由生产线上的计算机采集，经微处理器处理后，获得相应的修正系数，传感器的压力特性、温度特性和静压特性分别存放在电子转换部件的存储器中，从而保证变送器在运行过程中能精确地进行信号修正，保证了仪表的优良性能。

存储器还存储所有的组态，包括设定变送器的工作参数、测量范围、线性或开方输出、阻尼时间、工程单位选择等，还可向变送器输入信息性数据，以便对变送器进行识别与物理描述。存储器为非易失性的，即使断电，所存储的数据仍能保持完好，以随时实现智能通信。

ST3000 系列智能压力变送器采用 DE 和 HART 通信协议，它可以和手持终端或对应过程控制系统在控制室、变送器现场或在同一控制回路的任何地方进行双向通信，具有自诊断、远程设定零点和量程等功能。

ST3000系列智能压力变送器的手持通信器带有键盘和液晶显示器，可以接在现场变送器的信号端子上，就地设定或检测，也可以在远离现场的控制室中，接在某个变送器的信号线上进行远程设定及检测。手持通信器可以进行组态、变更测量范围、校准变送器及自诊断。

由于智能压力变送器具有长期稳定的工作能力和良好的总体性能，每五年才需校验一次，可远离有危险的生产现场，所以具有广阔的应用前景。

目前常用的智能压力（差压）变送器有霍尼韦尔公司的ST3000/100和ST3000/900系列、罗斯蒙特公司的3051C和1151S系列及日本横河公司的EJA系列等。

罗斯蒙特公司的1151S智能压力变送器是在1151模拟变送器的基础上开发出来的，它的膜盒和模拟式的相同，也是电容式8室传感器，但其电子部件不同，1151模拟变送器采用的模拟电子线路仅可输出4mA～20mA的模拟信号，1151S智能压力变送器是以微处理器为核心部件的专用集成电路，并加了A/D和D/A转换电路，整个变送器的电子部件仅由一块板组成，既可输出4mA～20mA的模拟信号，又能在其上面叠加数字信号，可以和手持终端或其他支持HART通信协议的设备进行数字通信，实现远程设定零点和量程。1151S智能压力变送器的基本精度为±0.1%，最大测量范围为模拟式的2倍，量程比为1∶15，各项技术性能都比1151模拟变送器有所提高。

罗斯蒙特公司的3051C与1151S的传感器都是电容式的，但膜盒部件有所不同。3051C将电容室移到了电子罩的颈部，远离过程法兰和被测介质，不与过程热源直接接触，仪表的温度性能的抗干扰特性有所提高。3051C的检测部件增加了测温传感器，用于补偿环境温度变化带来的影响，同时还增加了传感器存储器，用于存储膜盒制造过程中，在整个工作范围内的温度和压力循环测试信息和相应的修正系数，从而保证变送器运行中能精确地进行信号修正，提高了仪表的精度，增加了零部件间的互换性，缩短了维修过程。3051C的整机性能较1151S有较大提高，3051C属于高性能智能压力变送器，而1151S属于低性能经济型智能压力变送器。

日本横河公司的EJA智能压力变送器的敏感元件为硅谐振式传感器，如图2-46所示，它是一种微型构件，体积小、功耗低、响应快，便于和信号部分集成。在一个单晶硅芯片表面的中心和边缘采用微电子加工技术制作两个形状、尺寸、材质完全一致的H形状的谐振梁，谐振梁在自激振荡回路中做高频振荡。当硅片受到压力作用，单晶硅片的上下表面受到的压力不等时，将产生形变，导致中心谐振梁因受压缩力而频率减小，边缘谐振梁因受拉伸力而频率增加，两频率之差直接送到CPU进行数据处理，然后经D/A转换成4mA～20mA的模拟信号，利用测量两个谐振频率之差，即可得到被测压力或差压。

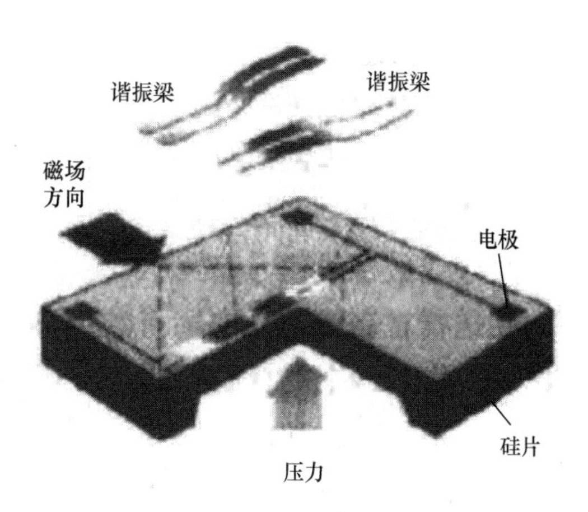

图2-46 硅谐振式传感器

硅谐振式传感器中的硅梁、硅膜片和空腔被封在微型真空中，既不与充灌液接触，又在振动时不受空气阻力的影响，所以仪表性能稳定。

目前我国企业广泛采用的智能压力变送器大多是既有数字输出信号，又有模拟输出信号的混合式智能压力变送器，通常又称为Smart变送器，它与全数字式现场总线智能压力变送器相比，在仪表结构与实际功能上是有区别的。

2.3.2 温度变送器

温度变送器是一种信号转换仪表，它可以与测温元件配合使用，把温度或温差信号转换成统一标准信号输出；还可以把其他能够转换成直流毫伏信号的工艺参数也变成相应的统一标准信号输出，以此实现温度参数的显示、记录和自动控制。它是工业生产过程中应用最广泛的一种模拟式温度变送器，能与常用的各种热电偶和热电阻配合使用。

温度变送器按照连接方式可以分为二线制和四线制。DDZ－Ⅲ型温度（温差）变送器就是四线制温度变送器，属于控制室内架装仪表，有直流毫伏变送器、热电偶温度变送器和热电阻温度变送器三种。在结构上有一体化结构和分体式结构之分，除此之外还有模拟式温度变送器和智能式温度变送器之分。

模拟式温度变送器的构成框图如图2-47所示，在线路结构上都分为量程单元和放大单元两个部分，其中放大单元是三者通用，而量程单元则随品种、测量范围的不同而不同。

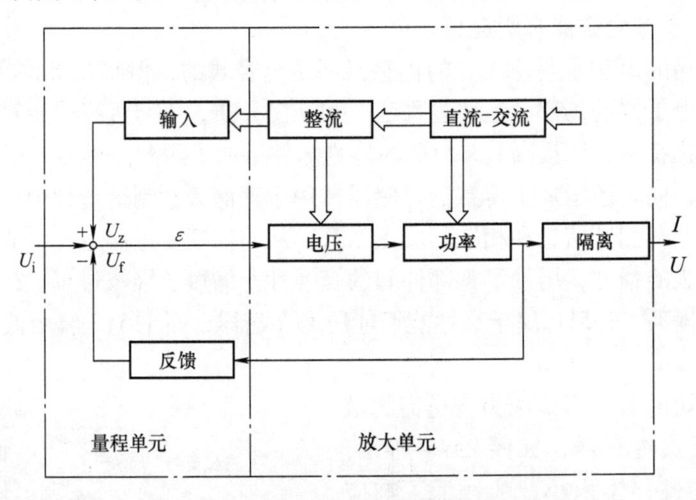

图2-47　模拟式温度变送器的构成框图

1. 直流毫伏变送器的量程单元

直流毫伏变送器的量程单元由信号输入电路、零点调整电路和反馈电路等部分组成，如图2-48所示。输入电路中的R_{i1}、R_{i2}和VS_1、VS_2起限流和限压作用，限制打火能量在安全火花范围内。R_{i1}、R_{i2}与C_i组成低通滤波器，以滤掉输入信号V_i中的交流分量。

零点调整电路由R_{i3}、R_{i4}、R_{i5}、R_{i6}、R_{i7}和零点调整电位器RP_i等组成，其中$R_{i5}=R_{i7}$的阻值远远大于其他电阻的阻值，其作用是限制支路电流。VT_Z和R_Z构成恒流源，桥路电压由VT_Z和VS_3提供。

反馈电路由R_{f1}、R_{f2}、R_{f3}和量程调整电位器RP_f等组成。其中R_{f1}为反馈电压源的内阻，其阻值远小于R_{f2}，V_f来自放大单元的隔离反馈部分。

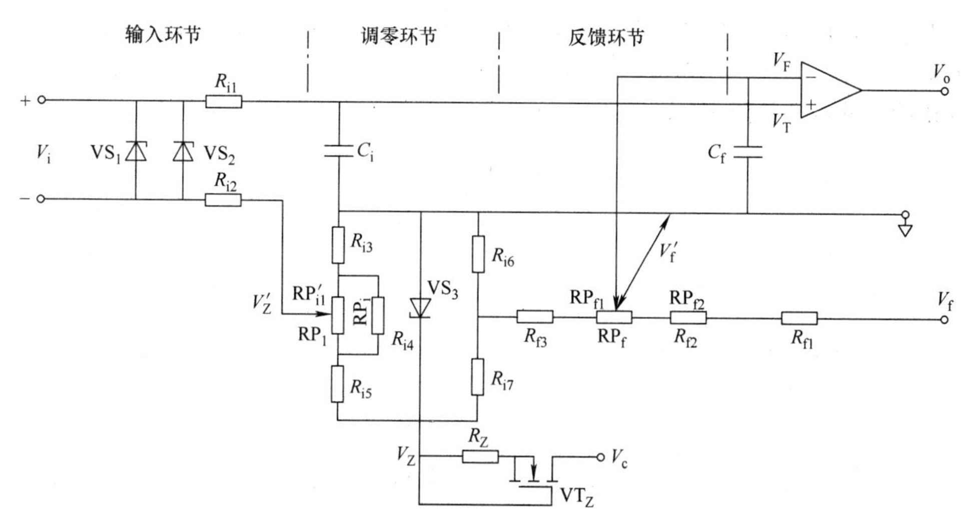

图2-48　直流毫伏变送器的量程单元

2. 热电偶温度变送器的量程单元

如图2-49所示，热电偶温度变送器的量程单元包括输入电路、调零和调量程电路、非线性反馈电路等。

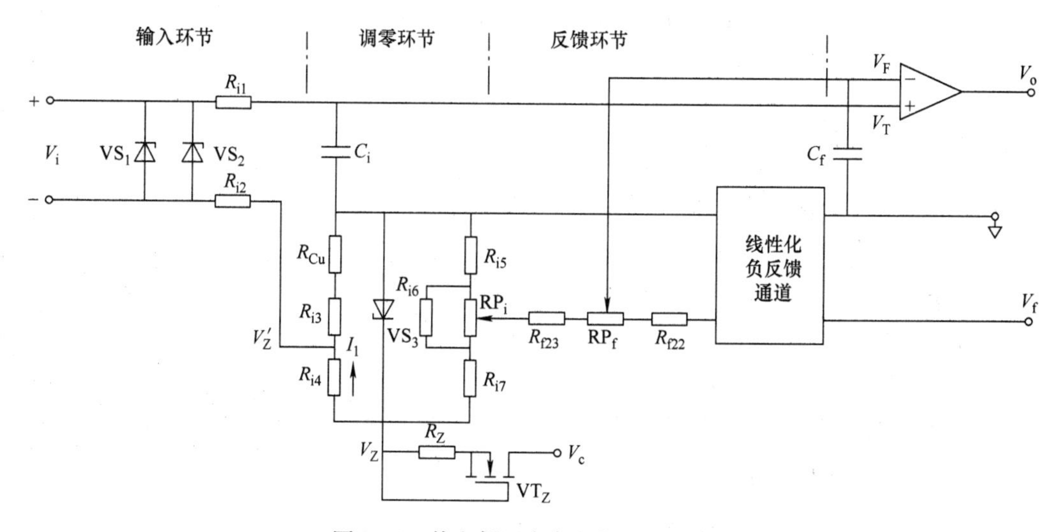

图2-49　热电偶温度变送器的量程单元

由图2-49可见，该变送器的量程单元与直流毫伏变送器的量程单元基本相同，但是由于热电偶检测元件的特性，两者存在以下三方面的差异：

1）热电偶冷端温度的自动补偿（在R_{i3}桥臂上增加一铜电阻R_{Cu}）。

2）在反馈电路中增加了热电偶特性的线性化电路。

3）零点调整电位器RP_i，由桥路的左边移到桥路的右边。

3. 热电阻温度变送器的量程单元

图2-50中，R_t为测温电阻；热电阻与桥路之间采用三线制连接，引线电阻$r_1=r_2=r_3=1\Omega$；VS_1～VS_4为限压稳压管，起安全火花防爆作用；RP_i为零点调整电位器，RP_f为量

程调整电位器，V_Z为供桥电压；$R_{i2}=R_{i5}$且R_{i2}、R_{i5}的阻值远大于其他桥臂电阻阻值，故其起到恒定桥臂电流的作用，R_{f4}支路引进正反馈电流I'_1，对热电阻的非线性进行线性化。热电阻的特性及其线性化曲线如图 2-51 所示。

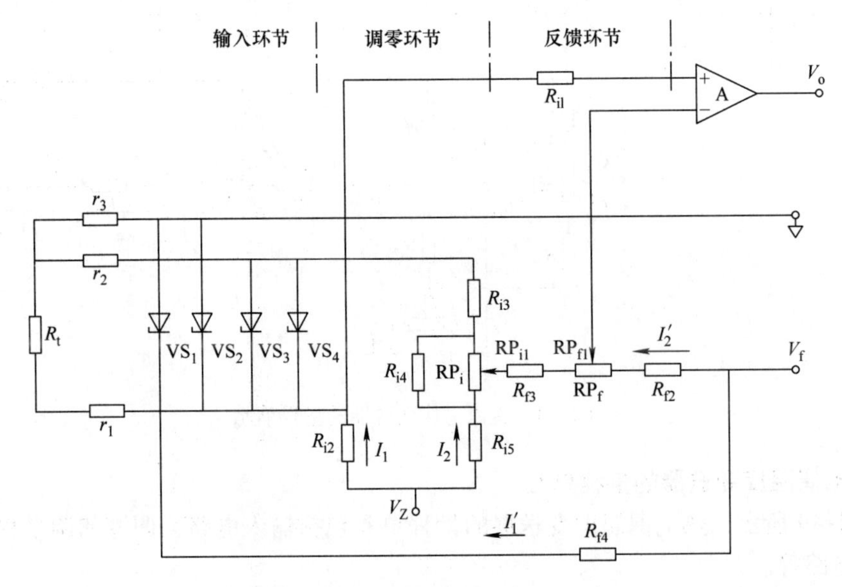

图 2-50　热电阻温度变送器的量程单元

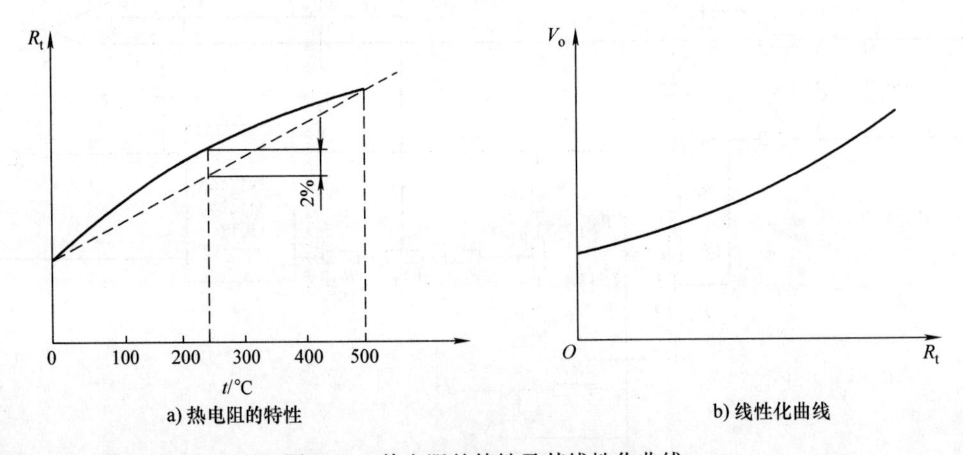

图 2-51　热电阻的特性及其线性化曲线

4. 温度变送器的放大单元

温度变送器的放大单元包括前置放大器、功率放大器、隔离输出电路、DC/AC/DC 变换器四部分。放大单元将量程单元输出电压信号进行电压和功率放大，输出电流I_o=4mA～20mA 和电压U_o=1V～5V。同时，输出电流I_o又经隔离反馈部分转换成反馈电压V_f，送至量程单元。

5. 一体化温度变送器

一体化温度变送器是指将变送器模块安装在测温元件接线盒或专用接线盒内的一种温度变送器，其外形如图 2-52 所示。

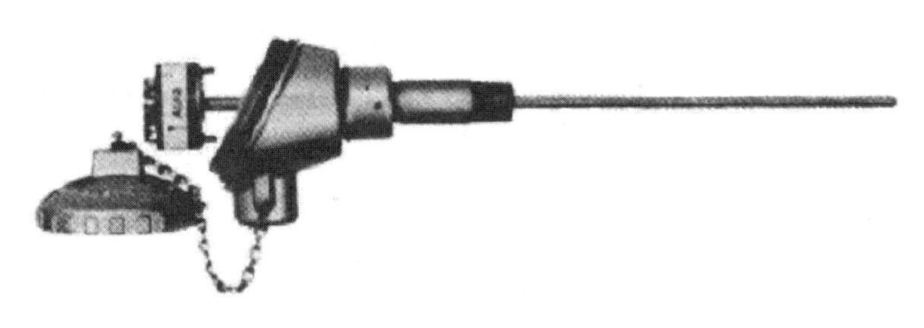

图 2-52　一体化温度变送器

一体化温度变送器模块和测温元件形成一个整体，可以直接安装在被测温度的工艺设备上，输出为标准统一信号。这种变送器具有体积小、重量轻、现场安装方便以及输出信号抗干扰能力强，便于远距离传输等优点。对于测温元件采用热电偶的变送器，不必采用昂贵的补偿导线，可节省安装费用。

智能式温度变送器可采用 HART 协议通信方式，也可采用现场总线通信方式。通常智能式温度变送器均具有以下特点：

1）通用性强。智能式温度变送器可以与各种热电阻或热电偶配合使用，并可接收其他传感器输出的电阻或毫伏信号，并且量程可调范围很宽，量程较大。

2）使用方便灵活。通过上位机或手持终端可以对智能式温度变送器所接收的传感器的类型、规格以及量程进行任意组态，并可对变送器的零点和满度值进行远距离调整。

3）具有各种补偿功能。实现对不同分度号热电偶、热电阻的非线性补偿，热电偶冷端温度补偿，热电阻的引线补偿，零点、量程的自校正等，并且补偿精度高。

4）具有控制功能。可以实现现场就地控制。

5）具有通信功能。可以与其他各种智能化的现场控制设备以及上位管理控制计算机实现双向信息交换。

6）具有自诊断功能。定时对变送器的零点和满度值进行自校正，以避免产生漂移；对输入信号和输出信号回路断线报警，对被测参数超限报警，对变送器内部各芯片进行监测，在工作异常时给出报警信号等。

下面以 SMART 公司的 TT302 温度变送器为例进行介绍。

TT302 温度变送器是一种符合 FF 通信协议的现场总线智能仪表，它可以与各种热电阻或热电偶配合使用测量温度，也可以使用其他具有电阻或毫伏（mV）输出的传感器配合使用，具有量程范围宽、精度高、环境温度和振动影响小、抗干扰能力强、重量轻以及安装维护方便等优点。

TT302 温度变送器的硬件构成如图 2-53 所示。

TT302 温度变送器的软件包括系统程序和功能模块。系统程序使变送器各硬件电路能正常工作并实现所规定的功能，同时完成各组成部分之间的管理。功能模块提供了各种功能，用户可以选择所需要的功能模块以实现用户所要求的功能。用户可以通过上位管理计算机或手持式组态器，对变送器进行远程组态，调用或删除功能模块。

2.3.3　体积修正仪

由于天然气是一种气态、可压缩性流体，其计量涉及流量、温度、压力和组分等多参数

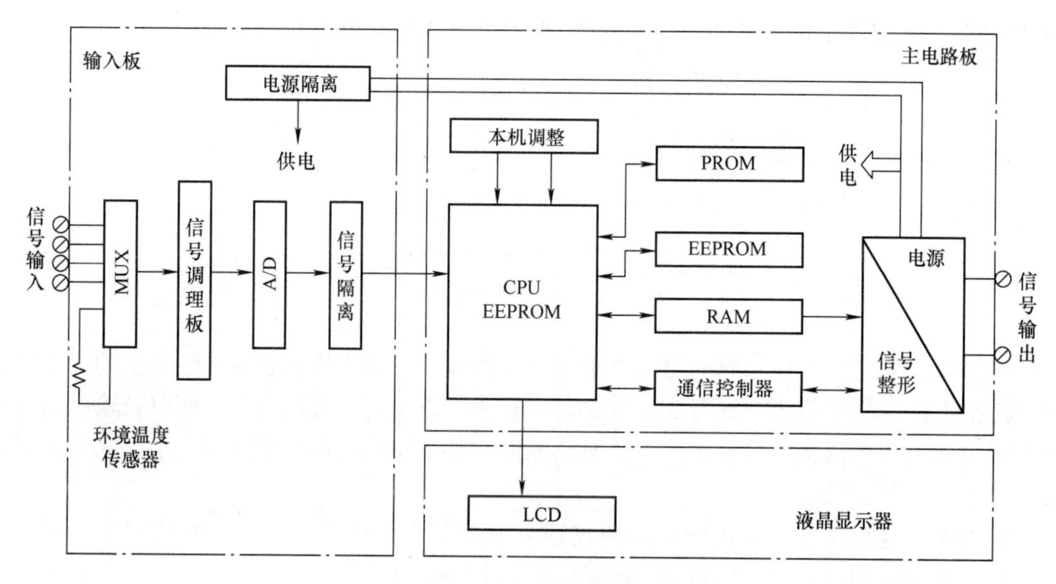

图 2-53　TT302 温度变送器的硬件构成

的测量。目前，绝大多数工业计量现场采用气体涡轮/腰轮流量计 + 体积修正仪的方式进行天然气体积的计量。

作为一次检测仪表的流量计本身仅能够检测工作状态下的天然气体积量，无法给出标准状态下的天然气体积量，这给天然气的贸易交接带来很大不便。为了更准确地计量，必须用体积修正仪在线检测气体的温度、压力和流量计输出的流量脉冲信号，并进行压缩因子自动修正，将工况体积量转换成标准状态体积量以实现贸易计量。

其转换原理及过程如下：

1）在线检测温度、压力信号。

2）通过天然气组分及温度、压力等参数，计算天然气压缩因子。

3）采集流量计输出的流量脉冲信号，并根据流量计的出厂校准曲线对流量计的脉冲信号进行自动修正。

4）通过气体状态方程计算出标准状态下的天然气体积量，实现贸易交接。

此外，作为一种现场检测仪表，随着自动化水平和现场总线技术的不断提高，要求体积修正仪具有存储、显示、通信和现场抄表等功能，部分用于贸易结算的体积修正仪还要求具有能量计量、打印和计算金额等功能。

随着天然气工业以及现场检测仪表的蓬勃发展，对体积修正仪的要求越来越高，要求其具有更高的准确度和稳定性，以及更为强大的功能。目前，国内生产的体积修正仪在软件制造水平、压缩因子的计算、电磁兼容性、通信接口、产品无铅化制程、整机的稳定性等方面与国外的同类产品相比还存在一定的差距。这其中有技术水平和生产工艺的差距，但更多的是由于国内尚未形成统一的行业标准以及生产厂家出于生产成本的考虑等因素造成的。

1. 体积修正仪的结构

目前，由于各家公司所采用的单片机各不相同，功能较为齐全的产品一般采用 TI 的 MSP430、RENESAS 的 H8s/2238 芯片或 MITSUBISHI 的 M16C/62 芯片。这两种同为 16 位单片机，内部自带存储器、看门狗电路以及 A/D、D/A 转换功能，整机的数据存储运算功能均十分强大。体积修正仪的硬件结构如图 2-54 所示，其外形如图 2-55 所示。

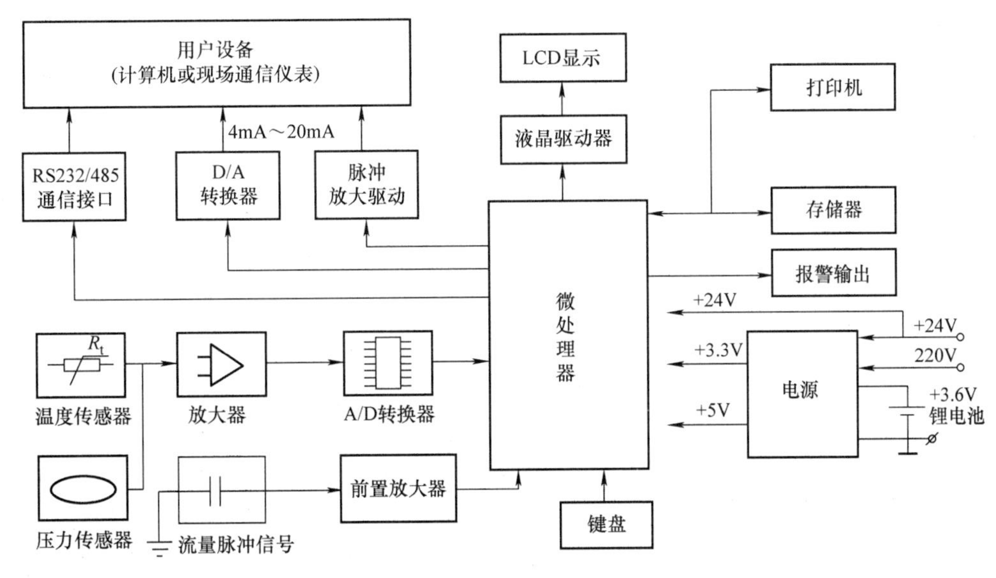

图 2-54 体积修正仪的硬件结构

（1）传感器 体积修正仪作为多参数测量的仪表，温度、压力传感器的选用很大程度上决定了体积修正仪的准确度等级，同时也决定了整个产品的稳定性。传感器是体积修正仪的成本中所占份额最多的部件，目前市场上的主流产品采用如下准确度要求的传感器：

温度传感器：±0.3℃。

压力传感器：±0.2%FS。

图 2-55 体积修正仪的外形

（2）存储器 目前，市场上绝大多数的体积修正仪都具有存储功能，但是考虑到整机功耗、PCB 布局、成本和软件设计等一系列原因，各个公司所采用的存储芯片都不尽相同，其存储空间也有所不同。

（3）电源 在不进行远程通信的情况下，绝大多数体积修正仪采用 3.6V 锂电池供电。当进行远程通信或远程连接时，一般采用 DC24V 进行供电。

（4）显示 体积修正仪的信息（总量、瞬时流量、湿度、压力和电池状态等）显示可通过串行液晶模块来完成。该模块与 CPU 的接口简单，只占用 DATA、WR、CS 三条接口线，与并行液晶模块相比大大节省了 CPU 的 I/O 口资源。另外，采用低功耗液晶驱动芯片来满足整机低功耗的要求。

（5）流量采集 体积修正仪在以燃气计量为主的基础上加入差压流量计量（以孔板为主）。差压计量完全按照标准 GB/T 2624 执行，由流量采集模块进行切换处理。体积修正仪可通过流量采集模块不同处理方式的选择来满足液体或气体流量计的流量测量。流量采集模块可处理多种类型的流量信号，如低、中、高脉冲信号，4mA～20mA 电流，电压模拟信号，通过按键操作，实现流量计算模式的切换以及对流量信号的处理。

（6）通信模块　随着通信技术和 IT 技术的发展，计算机的应用越来越普遍，流量仪表的网络通信是现代能源计量发展的必然趋势。多个流量仪表的测量参数通过网络进入计算机，由计算机监视和管理，可大大提高流量计量的可靠性和数据的实时性。在体积修正仪的通信功能模块上，采用一款隔离型的 RS－485 收发器，并安装保护电路，以提高通信接口的防雷击能力，保证通信接口的高可靠性。

2. 气体体积修正仪发展方向

1）采用高准确度、标准化输出的一次检测仪表，进一步提高修正仪的计量准确度，如高精度的温度传感器、压力传感器、色谱分析仪和流量计等。

2）随着产品在市场上广泛使用，逐渐形成产品规格的统一，有利于产品标准化。

3）产品进一步智能化。随着计算机技术和电子技术的发展，必然要求体积修正仪进一步智能化，要求对计量的各个环节进行全过程的、动态的、科学的管理。

4）随着通信水平的提高，必然形成体积修正仪信号输出的统一协议，消除目前行业内主流企业自行编写协议，相互不兼容，产品不能和现场仪表有效通信，无法很好地接入现场总线的现象，使产品进一步网络化、系统化。

作为二次仪表，体积修正仪的准确度在很大程度上受流量、温度、压力和成分等检测元件的限制。因此，若想进一步提高气体体积的计量准确度，则必须提高与修正仪相配套的一次仪表的稳定性、检测准确度、检测范围等参数，同时还要注意一次仪表检测信号的传输准确率、传输频率等参数。

目前，GB/T 36242—2018《燃气流量计体积修正仪》规定了燃气流量计体积修正仪的术语和定义及符号、分类与测量原理等，但仍缺少对此类产品性能的检定规程或校准规范。北京市制定了 JJF（京）53—2018《燃气流量计体积修正仪校准规范》，是对体积修正仪进行校准的标准规范，填补了国内在这方面的空白。

2.3.4　流量计算机

流量计算机是针对流量贸易计量提出的，大型贸易计量站是一个城市或地区的能源枢纽，流量计量精度的微小偏差就会造成巨大的经济损失。因此，大型贸易计量站对流量的计量提出了非常高的要求。GB/T 18603—2014《天然气计量系统技术要求》中对流量计量系统进行了分级。其中级别最高的 A 级计量系统要求温度精度为 0.5℃，压力精度为 0.2%，密度精度为 0.35%，压缩因子精度为 0.3%，在线发热量精度为 0.5%，工作条件下体积流量的精度为 0.7%。上述规定的几个参数除压缩因子外，其他的均可以采用相应等级的测量装置或仪器获取。随着计算机技术的快速发展，使得高精度压缩因子的实时补偿成为可能，流量计算机应运而生。

艾默生过程管理公司主要提供用于石油和天然气行业的贸易交接、流量控制、组分分析等工业产品，同时也向客户提供售前售后服务以及系统集成的解决方案，是该领域的领导者，是天然气流量计算机的主要供应商。其旗下的流量计算机的种类繁多，如 FloBoss S600、FloBoss 103/104/107/107E、ROC800、7951 等。

FloBoss S600 的处理器采用 Intel 486 微处理器和数字协处理器，数字协处理器支持 64 位的双精度浮点运算，采用实时操作系统来管理整个系统的任务。它有一条强制执行线，以提供快速、准确的计算。其模块化设计和出色的通用性给用户带来了极大的方便。S600 既可以作为一个独立的解决方案，也可以作为一个系统组件来使用。智能 I/O 板不但适合气体和液体的计量，而且支持两个回路和汇管。使用相同的板卡，用任何类型的常用流量计，如孔板、超声波、涡轮、容积式和科里奥利可以配置多达六个回路和两个汇管，对于不同应用不需要多个插件。S600 的外观和拆机图如 2-56 所示。

图 2-56 S600 的外观和拆机图

其软件功能非常丰富，支持气体相关的计量和补偿算法，如 ISO5167、AGA8、NX－19、SGERG－88、AGA3、AGA5、AGA7、GPA 2171&2145，同时也支持液体计量算法等。FloBoss S600 功能的实现是通过上位机组态软件 Config 600 来完成的，该软件可以方便地实现模块化的程序设计和实时配置，还可以自动生成文档、报告、Modbus 注册表和面板显示文件等。

2008 年 12 月，艾默生过程管理公司宣布推出 FloBoss 107 流体管理器。该产品是针对用于天然气与流体监测计算机中的 FloBoss 流体管理器推出的最新产品。此次推出的 FloBoss 107 产品新增了平台优点，它也具有新型动态配置软件和增强易用性的 LCD 触摸板。这种新型平台使用了模块化、高拓展结构体系，它包括用于中央处理器、输入与输出和通信的即插型模块，这些模块可插入四个插槽。当需要其他额外功能时，一个拓展架为通信或输入与输出模块提供额外插槽，其外形如图 2-57 所示。

Elster－Instromet 的实时流量计算机 FC2000 应用于烃类液体和气体的计量和控制。FC2000 的外形如图 2-58 所示，其优势在于可采用最新的 AGA、ISO 和 API 标准，对多路贸易输送的体积、质量和能量流量进行灵活的计算。流量计算机既可以单路使用又可以连接多路流量计，与涡街流量计、涡轮流量计、超声流量计、孔板流量计、文丘里流量计和科里奥利质量流量计配套使用，也可用作站控系统、流体校准仪表/采样仪器或阀门以及工艺管路控制回路的一个组件。先进的流量计算机采用 TCP/IP 技术，实现对流量计算机前面板的远程操作，通过通信接口对流量计和变送器进行远程组态和诊断。

图 2-57 FloBoss 107 的外形

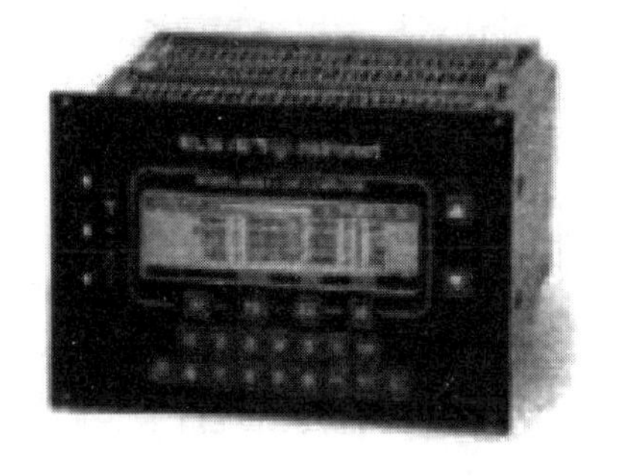

图 2-58 FC2000 的外形

典型的流量计量站框图如图 2-59 所示。上游门站为气源，可能有多路不同供应商提供的气源，下游则是大量的用户。由于不同气源的温度、压力、成分、密度和热值不一致，需要逐一对不同气源的温度、压力、成分、密度和热值进行分析，一般采用在线气相色谱仪分析气体的各组分及其含量，或采用热值分析仪获取其高位和低位热值，密度计获取其密度，压力传感器或变送器获取其压力，温度传感器或变送器获取其温度。天然气从进站到出站，经过了大管道到小管道、调压装置、储气罐等，其温度和压力均有所改变。在给不同的用户供气时，除了要对其流量进行计量外，还需要对其温度和压力进行再一次测量。

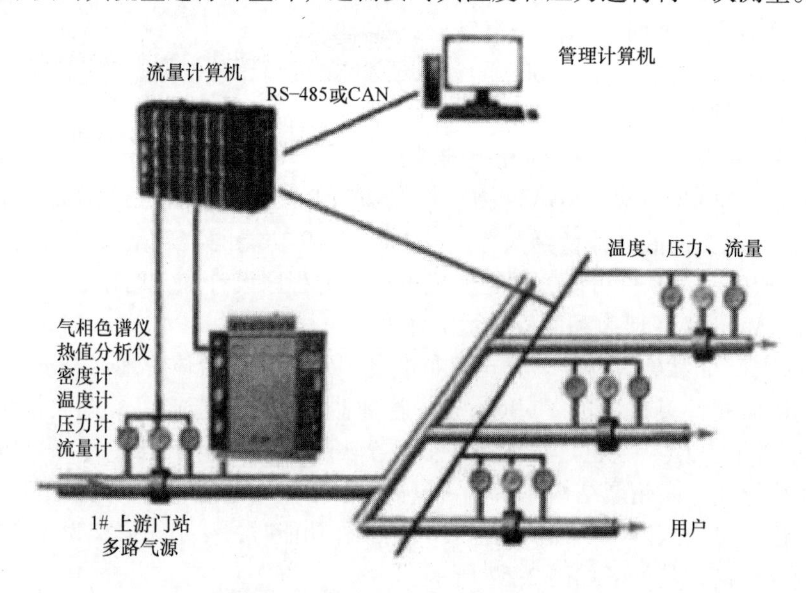

图 2-59　典型的流量计量站框图

由上述描述可知，流量计量站应具备在线气相色谱仪、热值分析仪、密度计、大量的温度/压力传感器或变送器，以及诸多的流量计。众多的设备和仪器均由一台或者多台流量计算机和上位机监控管理软件来集中管理。为实现多个流量计量站的集中管理，流量计算机还应具有远程通信功能。流量计算机除了具有流量计量和压缩因子实时补偿功能外，还应具有友好的人机交互界面、大量历史数据的存储、数据报表生成、打印、报警输出和自我诊断等功能。

1. 流量计算机的结构

传统的流量计算机采用主板、通信扩展板、信号采集板和输出板的设计方式。一块信号采集板负责所有通道数据的采集。同类信号集中采集的方式不便于管理单个管道的所有信息，同时增加了数据通信的复杂度，为此，采用主板、流量卡和底板的设计方式。主板和底板之间采用总线的方式进行通信。每增加一个用户，只需要扩展一张流量卡，由一张流量卡实现一个分支管道的所有数据的采集、输出和报警信息等。流量计算机的系统框图如图 2-60所示。

整个流量计算机由主板、流量卡、底板、配置软件和 SCADA 系统五部分组成。

（1）主板　主板是整个流量计算机的核心。主板实现的主要功能是循环采集各个流量卡的数据，根据设定的算法进行运算、数据存储、数据显示、人机交互与 SCADA 系统进行数据交互等。

（2）流量卡　流量卡是数据的采集和输出单元，其数据采集精度直接影响流量计算机

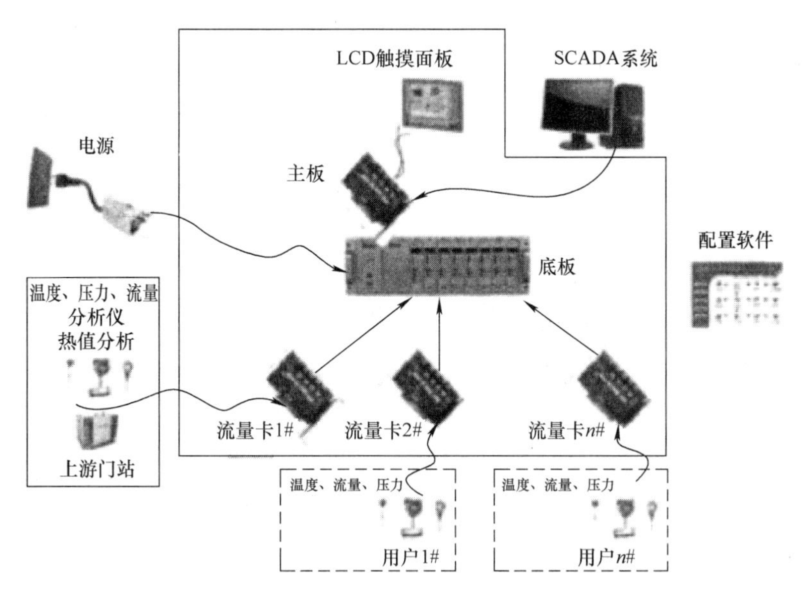

图 2-60　流量计算机的系统框图

的计量精度。在数据采集方面，流量卡除了应具备流量、温度、压力和密度数据的采集外，还应具备与气相色谱仪和热值分析仪通信的功能。在数据输出方面，流量卡应具备 4mA ~ 20mA 电流信号的输出、数字量的输出和报警输出等信息。

（3）底板　底板提供主板和各个流量卡的电源和总线接口。

（4）配置软件　配置软件主要实现流量计算机的配置。在系统进入计量运行前，首先在配置软件上完成主板和各个流量卡的组态，然后将配置信息下载到主板上，主板根据配置文件完成自身和流量卡功能的配置。同时也支持在线配置，即支持新增流量卡或者变更现有流量卡的功能。

（5）数据采集与监视控制系统（SCADA 系统）　一般燃气流量计算机配备 SCADA 系统，以实现对本地或远程流量计算机数据的采集和监控。SCADA 系统可定期获取流量计算机的数据，并将数据保存到数据库中，提供数据分析、报表生成和报警信息等功能。

2. 流量计算机的工作流程

流量计算机主要的工作是实现各个管道上流量的计量和数据的监控。其工作流程主要有以下内容：

（1）功能配置　功能配置分为两部分，即初次运行配置和在线配置。在构建好一个流量计量站后，首先在上位机配置软件上完成主板和各个流量卡的组态，即确定流量卡的数目以及每张流量卡的数据采集通道、计量算法、补偿算法等信息；其次，通过主板上的配置端口将配置文件下载到主板上；最后，主板根据接收到的配置信息完成自身功能的配置，并将流量卡的配置信息通过底板上的总线传送给各个流量卡，流量卡根据信息完成各个功能部件的初次运行配置。如果在已经运行的计量站中新增了用户，在通过权限认证后，可以实现在线配置，将新增的管道计量添加进来。

（2）数据采集　一旦配置完成，系统开始工作起来。流量卡以时间 Δt_1 循环采集流量、温度、压力和密度信息，然后根据相应的算法计算出物理值；以时间 Δt_2 获取气体成分或热值。主板以时间 Δt_3 循环获取各个流量卡的数据。

（3）数据运算、显示和存储　主板获取各个流量卡的数据后，对其进行运算，获得压缩因子、标况下的瞬时流量、累积量和热值等，将数据存储到数据库中，送 LCD 显示。

（4）监控和数据采集软件　监控和数据采集软件可以实现多台流量计算机数据的采集和管理工作，工作人员可以方便地查看当前数据和历史数据，同时可以生成报表、打印数据等。

2.4　燃气流量计量仪表的发展趋势

1. 结构日趋简洁

早期的燃气流量计量仪表为纯机械就地显示，如容积式流量计。不仅结构复杂笨重，重量/口径比很大，而且其中的转动件因磨损需经常维修。随着工业管道口径日益增大，插入式仪表以其结构简单、轻巧、拆装简便，日益受到用户青睐。而近十年发展最快的热式、超声流量仪表，管道中更是没有任何转动件、阻力件，结构更为简洁，且压损小、准确度高，是最有发展潜力的燃气流量计量仪表。

2. 可靠性明显提高

为增加仪表的可靠性，不少仪表已增加多种自诊断功能。可自诊断如积垢、流体导电率、非满管、衬里损坏和外部磁场等多方面的仪表状况。

3. 功能完善多样

早期的燃气流量计量仪表为就地显示，随着工业水平的不断提高，有必要将传感器（也称一次表，如孔板、喷嘴和内锥）与变送器（也称二次表）分离开，并将流量参数转换为电参数，远传至中央控制室。随着工业规模再扩大，模拟信号已无法适应，输出信号需转换为数字信号，以适应现场总线系统、数据采集与监视控制系统（SCADA 系统）的要求。仪表功能的多样化也是一种发展趋势，如超声波流量计除测流量外，还可测组分；科里奥利流量计除测流量外，还可测密度。

2.5　燃气流量计量仪表的应用

流量是工业生产过程中常用的过程控制参数。目前，市场上有超过 100 种不同的流量仪表，其中有一些属于实验室仪表，不适合工业应用。随着科学技术的发展，新型的流量仪表还在不断涌现。然而，没有一种流量仪表是万能的。为此，用户应当首先了解流量仪表的性能特点，再结合所应用场合的工况条件，选择性价比较高的产品。本节中部分内容来自燃气企业计量管理方面运行与维护经验的归纳和总结。

2.5.1　膜式燃气表的应用特点

1. 家用膜式燃气表

家用膜式燃气表主要在居民用户家中使用。居民用户用气特点是：一般用户的用气量较小，如仅使用一台双眼灶和一台热水器，用气量一般不超过 $2m^3/h$。但随着人民生活水平的不断提高，一些用户使用的燃气设备逐渐增多，如燃气灶、烤箱灶、热水器和壁挂炉等，用气量一般要超过 $4m^3/h$。因此，膜式燃气表的选用应保证安全用气、准确计量。燃气表公称流量应略高于燃气设备的额定耗气量，最小流量和最大流量应能覆盖燃气设备的流量变化范围，确保计量准确；燃气表的压力范围应高于管道燃气的压力；应分户安装燃气表。

燃气表的设计安装方式有户内安装和户外安装两种，燃气表应当安装在遮风、避雨、防暴晒、通风良好、振动少、无强磁干扰、温度变化不剧烈、便于查表和检修的地方。

2. 商用膜式燃气表

一般把非居民用户使用的燃气表称为商用膜式燃气表，规格一般是指在 G6 以上的燃气表。商业用户设计燃气表型号、规格的原则基本与居民用户相同，还要考虑工作压力、量程范围和环境温度等条件。特别应注意商业用户中餐饮类的用户，他们所用灶具的热负荷大小不等，差距较大，选择表的规格时应考虑总量。燃气表的额定流量应与燃气用具实际流量相匹配，不允许为扩大流量范围而并联使用燃气表。燃气表应当尽量远离温度较高的设备和电器设备，与灶具边、开水炉、热水器、低压电器设备和金属烟道等的水平净距离应不小于 0.3m，与砖砌烟道的水平净距离应不小于 0.1m。

随着智能型气体腰轮流量计逐步推广普及，额定流量大于 $40m^3/h$ 的燃气表一般由腰轮流量计代替，主要是因为膜式燃气表没有温度应力修正功能，大流量仪表体积庞大，拆卸、周检、维护困难。仪表安装位置要求与家用燃气表相同，当采用高位安装时，表底距室内地面不小于 1.2m，表后距墙面不小于 3cm，并且加装表托固定；当采用低位安装时，应当平正地安装在高度不小于 30cm 的砖砌支墩或钢支架上，表背面与墙的净距离不小于 5cm。室外安装的燃气表应单独或集中安装在防护箱内，公共建筑和工商业用户的燃气表宜设置在单独房间内或调压柜内。

3. 仪表的安装

在安装运输过程中，燃气表不得倒置、磕碰、摔打，不得进水和异物，不得破坏封缄；燃气表安装后应横平竖直，不得倾斜；严禁带表焊接法兰、吹扫管线、高压试漏；在燃气表安装前，应预制与仪表相同尺寸的管段，代替仪表进行安装，待焊接法兰、吹扫、打压、试漏等所有工作完毕后，再拆下管段，换上仪表，充分保护计量器具不受损害；仪表安装不得有应力存在，螺纹连接要保护好表嘴，法兰连接密封垫不得伸入管道内；安装时应同步安装封缄和防护表箱。膜式燃气表是滑阀结构，它依靠阀盖的自重盖在阀口上，用它往复滑行来切换燃气流向，如果燃气表倾斜就可能给阀盖与阀口之间造成漏气的缝隙，使部分燃气不能进入计量室，而直接流出表体，影响燃气表的计量准确度。

4. 仪表的连接

仪表连接分为螺纹连接和法兰连接两种。

法兰连接时应符合以下规定：

1）公称压力应符合设计要求，口径要与连接的钢管相符。一般采用平焊法兰。法兰焊接前，应检查法兰密封面及密封垫片，不得有影响密封性能的划痕、凹陷、斑点等缺陷。法兰连接应与管道同心，法兰螺孔应对正，管道与燃气表、阀门的法兰端面应平行，不得强力对口。

2）法兰垫片的尺寸应与法兰密封面相符。垫片表面应清洁，不得有裂纹、断裂等缺陷，不得使用斜垫片或双层垫片。垫片安装必须放在中心位置，垫片的内径不得小于管子外径，垫片的外径不应妨碍螺栓的安装操作。

3）应当采用同一规格的螺栓，安装方向应一致，螺栓的紧固应均匀对称，螺栓紧固之后应当伸出螺母2~3扣，涂上机油或润滑脂，以防锈蚀。

螺纹连接时应符合以下规定：

1）管道与燃气表、阀门螺纹连接时应同心，不得用管接头强力对口。

2）螺纹接头宜采用聚四氟乙烯带做密封材料。拧紧螺纹时，不得将密封材料挤入管内。

3）连接燃气表前，应先用空气介质将管线吹扫干净。即将管线内的焊渣、锈蚀碎屑及其他杂物清除干净，以免进入表内影响计量准确度。

4）安装完毕后应充气打压，进行密封性试验，可以采用肥皂水等可行方法查找漏点。

5）通气时应该先将表后阀门完全打开，再将表前阀门缓慢打开，以免高压大流量气体破坏燃气表，影响计量准确度和使用寿命。

2.5.2 腰轮流量计的应用特点

腰轮流量计应当安装在遮风、避雨、防暴晒、通风良好、振动少、无强磁干扰、温度变化不剧烈、便于抄表和检修的地方。腰轮流量计应当尽量远离温度较高的设备和电器设备。与灶具边、开水炉、热水器、低压电器设备和金属烟道等的水平净距离应不小于0.3m，与砖砌烟道的水平净距离应不小于0.1m。

选用腰轮流量计时，应依据用户的实际用气量选择相匹配的仪表，使用户的实际用气量处于仪表上限流量的60%~80%。流量范围在$25m^3/h$以下的场合宜选用膜式燃气表，流量范围为$40m^3/h$~$160m^3/h$的场合宜选用具有温度压力修正的腰轮流量计，流量范围在$160m^3/h$以上的场合宜选用智能型气体涡轮流量计。腰轮流量计宜垂直安装，气体流动方向为上进下出。流量计前安装适用的过滤器，在压力波动较大、有过载冲击或脉动流时，流量计前应设置缓冲罐、膨胀室或安全阀等保护设备。

在安装运输过程中，流量计不得倒置、磕碰、摔打，不得进水和异物，不得破坏封缄；流量计安装后应横平竖直，不得倾斜；严禁带表焊接法兰、吹扫管线、高压试漏；在流量计安装前，应预制与流量计相同尺寸的管段，代替流量计进行安装，待焊接法兰、吹扫、打压、试漏等所有工作完毕后，再拆下管段，换上流量计，充分保护计量器具不受损害；流量计安装不得强力对接，不得有应力存在，螺纹连接要保护好表嘴，法兰连接密封垫不得伸入管道内；安装时应同步安装封缄和防护表箱。

安装前注意检查转子转动是否灵活。应正确吊装流量计，严禁在流量积算仪处用绳拴结起吊仪表。初始安装检查过滤器，防止过滤器被损坏。安装后运行前，应及时对前后油腔加注润滑油，加油时注意观察油标视镜，控制油位在中线上1.5mm处。拆卸流量计时，应打开放油孔，把油腔中的润滑油全部放尽。加油时，注意流量计泄压。流量计应采取无应力安装，应充分考虑工作温度引起的管道应力。

2.5.3 涡轮流量计的应用特点

涡轮流量计应当安装在遮风、避雨、防暴晒、通风良好、振动少、无强磁干扰、温度变化不剧烈、便于抄表和检修的地方。室外安装的仪表应单独或集中安装在防护箱内。涡轮流量计与低压电器设备之间的间距应大于0.1m。不允许为扩大流量范围而并联使用仪表。涡轮流量计应当尽量远离温度较高的设备和电器设备。

选用涡轮流量计时，应依据用户的实际用气量选择相匹配的仪表，使用户的实际用气量处于仪表上限流量的 60% ~80%。流量范围在 $160m^3/h$ 以上的场合宜选用智能型气体涡轮流量计。

在压力波动较大、有过载冲击或脉动流时，流量计前应设置缓冲罐、膨胀室或安全阀等保护设备。涡轮流量计宜水平安装，周围不得有强外磁场干扰和强烈的机械振动，流量计不宜在流量变化频繁和有强烈脉动流或压力波动的场合使用。上游需设计过滤器时，必须按照说明书要求设计上下游直管段。

在安装运输过程中，流量计不得倒置、磕碰、摔打，不得进水和异物，不得破坏封缄；流量计安装后应横平竖直，不得倾斜；严禁带表焊接法兰、吹扫管线，高压试漏；在流量计安装前，应预制与流量计相同尺寸的管段，代替流量计进行安装，待焊接法兰、吹扫、打压、试漏等所有工作完毕后，再拆下管段，换上流量计，充分保护计量器具不受损害；流量计安装不得强力对接，不得有应力存在，法兰连接密封垫不得伸入管道内。

安装前注意检查涡轮转动是否灵活。严禁在流量积算仪处用绳拴结起吊仪表。初始安装检查过滤器，防止过滤器被损坏。流量计安装后运行前，应及时加注润滑油。

2.5.4　超声波流量计的应用特点

对于超声波流量计，应考虑选择合适的声道数和准确度等级，不能过高追求仪表的准确度和流量范围。超声波流量计的现场安装也有其独有的应用特点，具体情况如下：

1. 安装环境

1）安装流量计的外界环境温度应符合仪表使用要求，同时应根据安装点具体的环境及工作条件，对流量计采取必要的隔热、防冻及其他保护措施（如遮雨、防晒等）。

2）流量计的安装应尽可能避开振动环境，特别要避开可引起信号处理单元、超声换能器等部件发生共振的环境。

3）在安装流量计及其相关的连接导线时，应避开可能存在较强电磁或电子干扰的环境，否则应咨询制造厂并采取必要的防护措施。

2. 管道配置

1）如果所使用的流量计具有双向流测量功能，并且准备将其运用于这种测量场合，那么在设计安装时，流量计的两端都应视为上游，即下游的管道配置形式和相关技术要求应与上游一致。

2）紧邻流量计的上、下游必须安装一定长度的直管段，在该直管段上除取压孔、温度计插孔和密度计（或在线分析仪）插孔外应无其他障碍及连接支管。上、下游直管段的最短长度可按标准要求配置。

3）流量计、连接法兰及其紧邻的上、下游直管段应具有相同的内径，其偏差应在管径的 ±1% 以内；流量计及其紧邻的直管段在组装时应严格对中，并保证其内部流通通道的光滑、平直，不得在连接部分出现台阶及突入的垫片等扰动气流的障碍。

4）与流量计匹配的直管段，其内壁应无锈蚀及其他机械损伤。在组装之前，应除去流量计及其连接管内的防锈油或沙石灰尘等附属物。使用中也应随时保持介质流通通道的干净、光滑。

5）温度计插孔轴线宜垂直或逆气流 45°相交于管道轴线，温度计插入深度应尽可能让感温元件位于管道中心，并控制在75mm～150mm以内。如果所安装的流量计仅是对单向流进行测量，则应将温度计插孔设在流量计下游距法兰端面2DN～5DN之间；如果所安装的流量计准备用于双向流测量，则温度计插孔应设在距流量计法兰端面至少3DN的位置处。

6）来自于被测介质内部的噪声可能会对流量计的准确测量带来不利影响，在设计及安装过程中应使流量计尽可能远离噪声源或采取措施消除噪声干扰。

7）是否有安装流动调整器以及安装哪一种流动调整器将主要取决于两个方面的因素，即所选择的流量计种类（单声道或多声道）及上游速度分布剖面受干扰的严重程度。

8）在气质较脏的场合，可在流量计的上游安装效果良好的气体过滤器，过滤器的结构和尺寸应能保证在最大流量下产生尽可能小的压力损失和流态改变。在使用过程中，应监测过滤器的差压，定期进行污物排放和清理，确保过滤器在良好的状态下工作。

流量计应水平安装，其他安装方式必须咨询制造厂。在设计和安装时，应留有足够的检修空间。

2.6 仪表选型

流量仪表的选型对充分发挥仪表的使用功能往往起着很重要的作用，由于被测对象的复杂状况以及仪表品种繁多、性能指标各异，使得用户对仪表的选型感到困难。没有一种十全十美的流量计，各类仪表都有各自的特点，选型的目的就是在众多的品种中扬长避短选择最合适的仪表。

一般选型可以从六个重要方面进行考虑，这六个方面为流体特性方面、流量计的性能方面、安装条件方面、投资费用方面、生产实际方面和标准设计方面。

1. 流体特性方面

气体流量测量中的流体特性因素包括压力、温度、密度、黏度或压缩性等，需要特别提出的是对于气体的计量，因其密度随温度及压力变化而变化，应仔细考虑并加以补偿修正。对于天然气的测量，特别是含硫天然气中硫化物及二氧化碳、氯离子的存在，都将对流量计的运行造成不良影响，应予以特别重视。

2. 流量计的性能方面

流体计的性能指标因素包括精度、重复性、线性度、量程比、压力损失、输出信号特性及影响时间等。

3. 安装条件方面

管道布置方向、流动方向、检测件上下游侧直管段长度、管道口径、维修空间、电源、接地、辅助设备（过滤器、消气器）、安装等。安装不符合要求，主要是引起对流态的干扰，影响流速的正常分布，降低流量计的精度和使用寿命。

4. 投资费用方面

投资费用包括流量计购置费用、安装费用、操作维护费用、检验费用、流量计寿命、可靠性及备品备件等。购置时，应综合考虑初期投资和长期运行可靠性问题。购置高性能仪表增加了初期投资费用，但减少了运行的操作、维护、校验等费用，总体来说是合算的。

一般流量计的精度越高，价格越高；重量越大，价格越高；功能越多，价格越高；进口的产品比国产的价格高。

5. 生产实际方面

要结合生产实际情况，根据供气管网设施的当前能力、中期能力及长远发展的目标，做好燃气供气管网设施的规划工作，其中包括工商业用户的规划来选择仪表的型号规格，以及备用流量仪表的型号规格。

6. 标准设计方面

要严格按照国家标准或行业标准进行设计制造和安装。

2.6.1　选型原则

燃气流量计量仪表选型应综合考虑流量计的工作压力、安装环境、用气设备负荷大小、变化范围、用气压力、资金预算和检定能力等因素。

对于主要燃气流量计量仪表的选型，应提前掌握以下信息：

1）用户类型、用气设备的种类、燃气设备负荷大小、变化范围、用气压力、介质是否存在脉动。

2）近期设计用气量与远期设计用气量。

3）是否有不间断供气要求等。

4）运行环境温度范围。

5）管路设备工艺布置、安装维护空间、流量仪表安装结构尺寸等安装条件。

6）流量仪表的资金预算。

7）国内各类检定机构有关流量仪表的检定能力。

选型应同时考虑流量计自身特性、燃气用户的用气特性及整体规划、安装条件、环境条件、经济因素、国内检定能力和管理需求等因素。燃气流量计量仪表的选取应按下列要求进行计算：

1）应根据燃气设备负荷计算燃气设备标准参比条件下的最大瞬时耗气量 Q_{max} 和最小瞬时耗气量 Q_{min}。

2）应按最低工作压力 p_{min} 估算用气设备工作条件下的最大瞬时耗气量 Q_{max}，按最高工作压力 p_{max} 估算用气设备工作条件下的最小瞬时耗气量 Q_{min}。

3）所选流量计最大流量 q_{max} 宜满足工作条件下用气设备最大瞬时耗气量 Q_{max}（按最低工作压力 p_{min} 计算）的 60% ~80%。

4）所选流量计最小流量 q_{min} 应小于或等于工作条件下用气设备最小瞬时耗气量 Q_{min}（按最高工作压力 p_{max} 计算）。

5）流量计的公称压力应大于或等于燃气管道的设计压力。

6）所选流量计的准确度等级、工作压力、量程比应符合下列规定：

① 膜式燃气表的准确度等级应不低于 1.5 级，工作压力不宜超过 3kPa。

② 腰轮流量计的工作压力不宜超过 0.4MPa，准确度等级应不低于 1.0 级，量程比应等于或优于 1:80。

③ 最大耗气量不大于 3000m³/h 时，涡轮流量计的准确度等级应为 1.0 级；最大耗气量大于 3000m³/h 时，涡轮流量计的准确度等级应为 0.5 级。DN50 的涡轮流量计的量程比应优于或等于 1:10，大于 DN50 的涡轮流量计的量程比应等于或优于 1:20。

④ 超声波流量计的准确度等级应不低于 0.5 级，量程比应等于或优于 1:30。

7）膜式燃气表、腰轮流量计和涡轮流量计应有机械字轮显示。需连续用气，不允许停止供气的燃气用户流量基表不宜选用腰轮流量计。

8）其他配套计量仪表的选型。根据燃气流量贸易计量的要求，应按标准状态下的体积或能量流量进行结算。对于各类常用燃气流量计量仪表来说，均应进行体积状态的转换，才能保证公平公正。为此，应按贸易双方约定的状态进行流量值的转换，即选用配套的体积修正仪或流量计算机实现实时流量状态的转换。对于配套的体积修正仪或流量计算机的选型应根据成本情况、工作压力及用气设备的最大耗气量等情况确定。

9）工作压力大于3kPa，且最大耗气量不大于3000m^3/h时，应配置体积修正仪，且流量基表与体积修正仪宜为温度压力分体式结构。

10）工作压力大于3kPa，且最大耗气量大于3000m^3/h时，应有专用仪表间，并应配置流量计算机。

11）配置体积修正仪和流量计算机时应满足以下要求：

① 压缩因子计算应符合现行国家标准 GB/T 17747.2—2011《天然气压缩因子的计算　第2部分：用摩尔组成进行计算》或 GB/T 17747.3—2011《天然气压缩因子的计算　第3部分：用物性值进行计算》的规定。

② 压力传感器量程范围应覆盖实际工作压力范围，常用压力宜处在$\frac{1}{3}p_{\max} \sim \frac{2}{3}p_{\max}$范围内，准确度应符合整套计量系统设计的需求。

③ 温度传感器应为铂电阻式，其测量范围应覆盖实际介质温度范围，其中装 Pt100、Pt500 或 Pt1000 电阻应为四线制，其最大允许误差等级应为现行标准 JJG 229—2010《工业铂、铜热电阻检定规程》中的 A 级或 AA 级。

④ 压力变送器及温度变送器在贸易计量系统上使用时应符合标准数字传输通信协议（如 HART 协议）。

⑤ 安装在室外或用户的用气设备间的体积修正仪，其外壳防护等级应不低于 IP65；若带有接触式 IC 卡装置时，其防护等级应不低于 IP54。

⑥ 安装在计量管路上的体积修正仪、温度变送器和压力变送器等流量仪表的防爆等级应不低于现行国家标准 GB 3836.4—2010《爆炸性环境　第4部分：由本质安全型“i”保护的设备》中规定的 Ex ib ⅡC T4 要求。

⑦ 安装在居住、商业和轻工业环境中的流量仪表其电磁兼容性应满足 GB/T 17799.1 的规定，安装在工业环境中的流量仪表其电磁兼容性应满足 GB/T 17799.2 的规定。

2.6.2 选型步骤

燃气流量计量仪表选型的步骤包括以下三步：

1）依据流体种类及六个方面考虑因素初选可用仪表类型（初选几种类型以便后续进行选择）。

2）对初选类型进行资料及价格信息的收集，为深入的分析比较准备条件。

3）采用淘汰法逐步集中到1~2种类型，从六个方面反复进行比较分析，最终确定预选目标。

燃气流量计量仪表种类繁多，应根据实际情况选用。由于我国油气田的大量开采，促进了城市燃气化的进程，城市燃气化已成为改善城市环境的重要标志之一。随着生产工艺复杂程度和自动化程度的提高，会对流量计量及控制提出更新、更高和更多的要求，对燃气流量计量仪表准确度的要求也会不断提高。

燃气流量计量仪表选型的流程如图 2-61 所示。

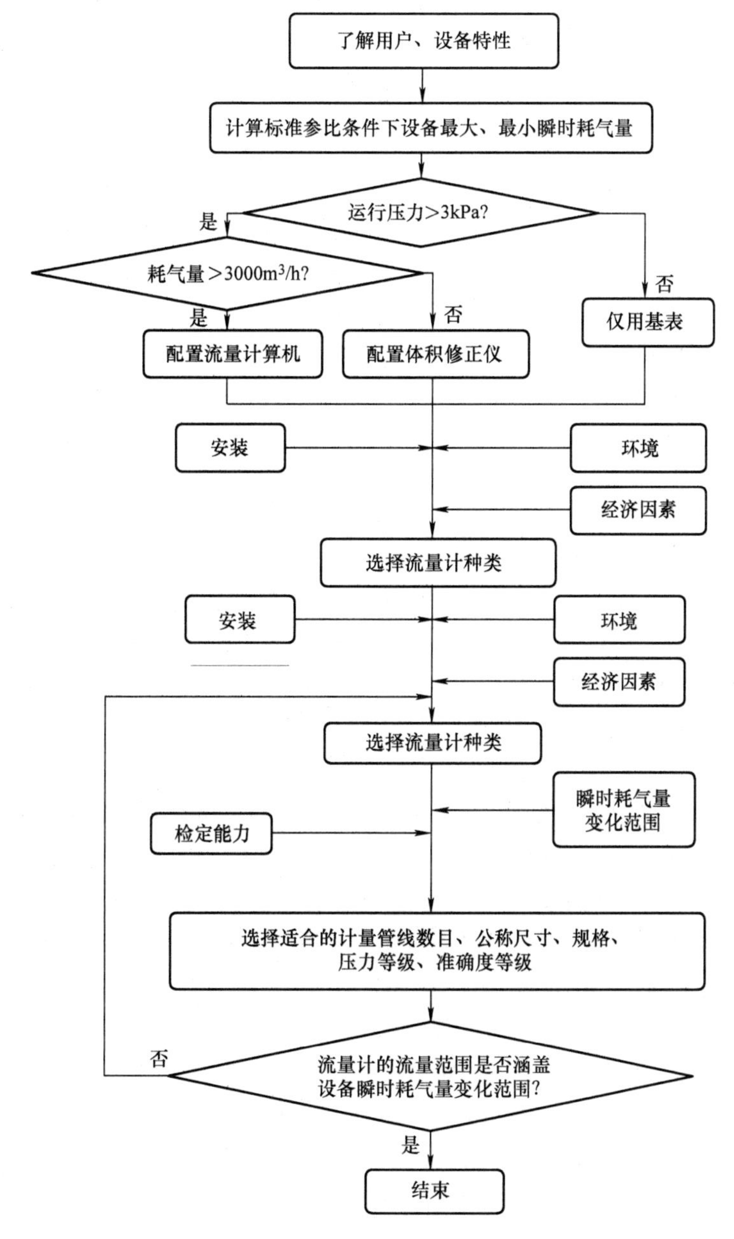

图 2-61　燃气流量计量仪表选型的流程

2.6.3　不同用户需求

城镇燃气供应中，根据各类用气对象的用气量、用气目的、用气性质及价格等因素的不同，可将他们划分为居民用户、商业用户、工业用户、采暖制冷用户、发电用户和趸售用户等。

1. 居民用户

居民用户的计量应选用 G2.5、G4、G6、G10、G16 和 G25 型膜式燃气表或同型号的超声波流量计、热式流量计。采暖炉等最大耗气量超过 $10m^3/h$ 的设备应单独计量。

2. 商业用户

商业用户的计量可选用膜式燃气表、超声波流量计、热式流量计或腰轮流量计。用气设备最大耗气量小于 $50m^3/h$ 时，宜选用 G4、G6、G10、G16 和 G25 型膜式燃气表或同型号的超声波流量计、热式流量计；用气设备最大耗气量大于或等于 $50m^3/h$ 时，应选用不大于 DN100 的腰轮流量计、超声波流量计或热式流量计。若 DN100 的腰轮流量计不能满足负荷要求，则应增加计量管路进行分路计量。

3. 工业用户

工业用户计量可根据需要选用以下燃气流量计量仪表：

1）选用 G4、G6、G10、G16 和 G25 型膜式燃气表或同型号的超声波流量计、热式流量计；不大于 DN100 的腰轮流量计或不大于 DN300 的涡轮流量计、超声波流量计或热式流量计。

2）当工业用户的工作压力小于或等于 3kPa，且最大耗气量小于 $50m^3/h$ 时，宜选用膜式燃气表；最大耗气量大于或等于 $50m^3/h$ 时，宜选用腰轮流量计。

3）当工业用户的工作压力大于 3kPa，且小于或等于 0.4MPa 时，用气设备耗气量变化范围与腰轮流量计的量程比更接近时，宜选用腰轮流量计、超声波流量计或热式流量计；不能停气的用户须设置备用计量管路，并选择相同类型的流量仪表作为备用计量表；用气设备瞬时耗气量变化范围与涡轮流量计、超声波流量计或热式流量计的量程比更接近时，宜选用不大于 DN200 的涡轮流量计、超声波流量计或热式流量计。

4）次高压供气的工业用户，应选用不大于 DN300 的涡轮流量计、超声波流量计或热式流量计；不能停气的用户须设置备用计量管路，并选择相同类型的流量仪表作为备用计量表。

4. 采暖制冷用户

采暖制冷用户计量可选用涡轮流量计、超声波流量计、热式流量计、腰轮流量计和膜式燃气表，且应安装于独立的计量间或计量撬内。

当用户调压器进口压力大于 0.4MPa 时，宜选择在高压侧设置流量计计量的方式，且应设置备用计量管路，并选择相同类型的流量仪表作为备用计量表；当用户调压器进口压力小于或等于 0.4MPa 时，宜选择在低压侧设置流量计计量的方式，且应采用单台用气设备单独计量方式，对模块炉应采用分组计量方式。

当工作压力小于或等于 3kPa 时，宜选用与商业用户相同的计量方式；当工作压力大于 3kPa 且小于或等于 0.4MPa 时，宜选用与工业用户相同的计量方式。

城市供热厂宜选用不大于 DN300 的涡轮流量计、多声道超声波流量计或热式流量计。

当用气设备无备用，且为单路计量时，不宜选用腰轮流量计。

5. 发电用户

发电用户计量宜选用小于或等于 DN300 的涡轮流量计、多声道超声波流量计，且应安装于独立的计量间或计量撬内。应设置备用计量管路，并选择相同类型流量仪表作为备用计量表。

6. 趸售用户

趸售用户计量系统应按近期、中期与远期设计要求进行选型，计量仪表可选用涡轮流量计或超声波流量计，应安装于独立的计量间，并配置流量计算机。中压供气时，应选用小于或等于 DN300 的涡轮流量计或超声波流量计；次高压及以上供气时，可选用小于或等于 DN300 的涡轮流量计或 DN100 ～ DN300 的多声道超声波流量计。趸售用户计量系统应设置备用计量管路，并选择相同类型的流量仪表作为备用计量表。

2.6.4 选型设计示例

基于从科学、经济、合理地应用计量仪表和加强计量仪表的运行管理两个维度考虑，此处设计了一个大型燃气流量计量仪表系统（包括实现燃气流量计量的全套计量仪表及其辅助设备），它包括基本设计和选型方法等。与燃气流量计量仪表系统相关的设计，可以适当考虑遵循本原则进行。特别是对使用的单台燃气设备设计小时用气量大于 800m^3/h（相当于单台 10t 锅炉的标准小时用气量）或单户总设计小时用气量大于 4000m^3/h（相当于 50t 锅炉的标准小时用气量）的新发展、改造工程设计，具有一定的参考价值。

1. 用气设备上游调压站（箱）进口表压大于 0.4MPa 时的计量系统设计方案

当用气设备上游调压站（箱）进口表压大于 0.4MPa 时，计量系统设计方案如下：

1）在流量仪表的流量范围满足使用需求的前提下（能够计量单台设备最小用气量至所有设备最大用气量之和），计量系统宜设计安装在调压站（箱）进口高压侧，即调压装置前。

2）计量系统准确度等级为 1.0 级，且设置在独立计量撬或调压站内。

3）计量管路（由流量计量仪表和前后直管段、前后阀门、调长器、连接短管、放散管所构成的管路）应采用一使一备形式。

4）选用流量计算机、温度变送器和压力变送器来完成标况体积的转换。受防爆等级限制，流量计算机须设置在室内安全区，且与流量计的连接电缆不超过 1000m。

5）安装远传监控设备，能够实现与 SCADA 系统的对接。选用的 RTU 设备应能满足 SCADA 系统的统一要求。

6）严格按《城镇燃气设计规范》以及相关仪表安装使用要求等设计汇气管、前后阀门、压力表、过滤器、流动调整器、前后直管段、调长器、运行旁通、放散管路及供电系统等，同时要求考虑设计防雷、防静电、降噪的措施。

7）对于分期实施的工程，宜设计分期应对措施，如通过更换计量管路来适应不同时期的计量需求等。

8）如有专门的启动设备，且用气量程不在选用的流量仪表量程内时，应单设计量管路来供气和计量。

9）主要燃气流量计量仪表选用情况如下：

① 流量计量仪表类型：涡轮流量计。

准确度等级：0.5 级。

配置方式：使用 DN300 及以下的流量计量仪表；当 DN300 的流量计量仪表不满足使用要求时，宜考虑采用下述第二种方案（将计量系统安装位置设置在炉前）。

其他要求：具有机械字轮显示方式；流量计应具有至少一个高频脉冲输出口。

② 积算仪类型：选用流量计算机。

配置方式：一台流量计量仪表配置一台流量计算机。

其他要求：其应与流量计量仪表同一厂商；满足 AGA－No.8、AGA－No.9 或 SGERG 等有关标准；具有 RS－485 接口，支持标准 MODBUS 协议；能实现与 SCADA 系统的对接，同时可使用便携式计算机现场设置或读取信息。

③温度变送器：精度优于 ±0.1℃。

绝压变送器：精度优于 ±0.15% FS。

其他要求：带现场数字显示类型的温度变送器和压力变送器。

2. 用气设备上游调压站（箱）进口表压小于或等于 0.4MPa 时的计量系统设计方案

当用气设备上游调压站（箱）进口表压小于或等于 0.4MPa 时，应优选上述计量系统设计方案，如受投资、场地和仪表范围等条件限制时可选用如下计量系统：

1）计量系统设置在用气设备前，单台用气设备配置一条计量管路。要求与调压器出口有一定的距离，以避免流场不均匀。

2）计量系统准确度等级为 1.5 级，且应设置在独立计量间内。

3）调压箱进口处应设置调度计量设备，包括过程控制流量计量仪表、温度变送器和压力变送器等，且要求设置旁通及旁通阀。

4）应安装远传监控设备，能够实现与远程计量数据监控系统平台的对接。

5）使用于表压小于或等于 0.1MPa，且公称通径小于或等于 150mm 的仪表，可选配 CPU 卡流量控制器。

6）严格按《城镇燃气设计规范》以及相关仪表安装使用要求等设计汇气管、前后阀门、压力表、过滤器、流动调整器、前后直管段、调长器、运行旁通、放散管路及具有体积修正功能的积算仪，同时要求考虑设计防雷、防静电、降噪的措施。

7）主要燃气流量计量仪表选用情况如下：

① 流量计量仪表类型：涡轮流量计。

准确度等级：1.0 级。

其他要求：具有机械字轮显示方式；流量计表体应提供取压孔及安装温度计套管的接口。

② 积算仪类型：体积修正仪。

配置方式：一台流量计量仪表配置一台体积修正仪。

其他要求：温度和压力的测量范围满足燃气工况；能存储小时用气量和对应的温度、压力值；具有 RS－485 接口，支持标准 MODBUS 协议；能实现与计量数据远传监控系统平台的对接，同时可使用便携式计算机现场设置或读取信息。

2.7 计量仪表安装、调试与验收

2.7.1 安装

1. 流量计的安装

安装前应核验流量仪表是否均已取得有效的检定证书，流量计技术参数是否符合设计要求，并应按产品说明书要求安装。应根据安装点环境及工作条件，对气体流量计、温度变送器和压力变送器采取必要的隔热、防冻、遮雨、防晒等保护措施。

流量计外壳流向指示方向应与气体的流动方向一致，水平安装，避免对管道产生附加的安装应力，安装位置应便于拆卸更换。

直管段安装时应与流量计同轴，连接法兰及其紧邻的上、下游直管段应具有相同的内径，其偏差应在管径的 ±1% 以内。组装前，应去除流量计及其紧邻直管段内的防锈油和机械杂质等附属物；组装时应严格对中，并保证其内部流通通道的光滑、平直，不得在连接部分出现台阶及突入的垫片等扰动气流的障碍。

在工艺安装时，流量计应用连接短管代替，待吹扫、强度试压、干燥等施工过程全部结束后，确认管路中已清洁、干燥，满足流量计的使用要求，方可把连接短管拆卸下来，再安装流量计。

除后直管段温度计套管外，气体超声流量计前后直管段上不应连接其他的设备、附件和支管。流量计、直管段、法兰密封端面应避免划伤，现场临时放置时应做有效防护，严禁磕碰。

2. 温度变送器和压力变送器的安装

（1）温度变送器　温度变送器的传感器应安装在一体化保护套管上，并在保护套管内注入导热硅。套管材料应为不锈钢或其他性能更优的材料。温度变送器的插孔轴线宜垂直或逆气相流 45°交于管道轴线，温度传感器插入深度应尽可能让感温元件位于管道中心，应控制在 75mm ~ 150 mm 范围之内，套管焊座应高出管道或表体 50mm。露天安装时，温度变送器的传感器应加装防晒装置。

（2）压力变送器　压力变送器应采用支架安装，二次表显示方向应方便读数。压力变送器的取压孔应设于流量计表体上，取压管上应设截止阀。露天安装时，压力变送器的导压管应做伴热。就地检测压力表可安装在每条计量管路的下游直管段后的连接短管上。压力表及压力变送器的导压管应安装排液装置。

3. 信号（电源）线的敷设

流量计量仪表各种线缆敷设方式可以采用电缆沟敷设、穿镀锌钢管敷设或铠装电缆直埋敷设。电缆出地面后应穿镀锌钢管敷设至仪表附近，在金属管和仪表之间应采用防爆挠性管连接。

穿线钢管之间以及穿线钢管与接线盒之间均应采用 55°非密封管螺纹连接。埋地穿线管之间宜采用焊接连接，焊接前应去除镀锌层，焊接后应对焊缝进行防腐处理。集中和分散转换处可设防爆接线盒，所有的线缆敷设应符合隔爆要求。穿线钢管在进入电缆沟和穿越阀门井壁时，应做好防爆和防水处理。

流量计量仪表各种线缆的屏蔽线应在现场做绝缘处理。流量计量仪表线缆均应在仪表间做屏蔽线的统一接地。

2.7.2　调试

启动调试前应目测检查计量管路上流量计、温度变送器、压力变送器、前后直管段、电缆和信号线等，应保持完好，符合设计要求。

计量系统的调试工作应在计量管路通气置换工作完成后进行，应检查计量系统，各设备、仪表应完好，连接管路应无泄漏。调试前应先进行仪表系数、预置参数、显示单位和通信方式的设定，核查仪表接线无误，接地良好后，方可通电。

启动流量计前，应保证前后阀门处于关闭状态，应先缓慢开启上游阀门，再缓慢开启下游阀门。开启阀门前应先观察其前后压力是否平衡，若平衡，直接开启阀门；若不平衡，先开启运行旁通上的阀门，待平衡后，再缓慢开启阀门。

2.7.3 验收

验收前应现场检查各设备均按设计及安装要求正确安装到位。在运行状态下，检查计量管路、主要设备、电子仪表、电缆和信号线等完好、无损坏，各种设备运行参数正常；技术资料应齐全。

技术资料应包括下列内容：工程设计图样、流量计量仪表合格证、制造计量器具许可证（适用于国产的流量计量仪表）、型式批准证书（适用于进口的流量计量仪表）、检定证书、计量管路的强度测试报告、气密测试报告、无损检测报告、电器设备合格证、设备使用说明书、测试报告、调试报告、线缆敷设分布图（含隐蔽工程）、产品的防爆合格证（适用于防爆的流量计量仪表）、产品的防护等级证书（适用于有防护要求的流量计量仪表）等。

验收后，管理方应对技术资料登记造册，签收归档。

2.8 计量仪表运行维护

2.8.1 常规运行维护

1. 膜式燃气表运行维护

1）在额定的工作压力范围内使用燃气表。膜式燃气表的额定工作压力范围为0.5kPa～5kPa，使用时应不超过压力上限值。

2）在额定的量程范围内使用燃气表。准确计量的前提条件是保证实际用气量在仪表流量范围内，避免出现流量不匹配，造成“大马拉小车”或“小马拉大车”现象。

3）在良好的环境中使用燃气表。根据仪表技术要求，其一般在环境温度为－10℃～40℃、有良好通风的室内单独安装使用。燃气表使用环境温度过高，一方面计量失准，另一方面燃气表内的橡胶件、塑料件极易老化，加速缩短燃气表的寿命。燃气表长期处于潮湿的环境中，对寿命也是有影响的。若外壳锈蚀严重，则易穿孔漏气还将造成安全事故。

4）在振动小、无强干扰的环境中使用燃气表。近年来，新发展的IC卡燃气表、远传表等智能型表采用磁传动、干簧管传感器技术，如果周围有强磁场干扰或强烈振动、谐振等，都会影响计量的准确度。

5）使用中应加强检查，防止出现故障或其他异常，造成计量失准。

加强对IC卡燃气表的管理，要重点检查基表气量、IC卡剩余气量、购买气量是否相符；注意瞬时流量、铅封、表蒙和电池等是否完好；仪表运行是否正常，断电是否关阀。对IC卡气量异常用户应重点检查，防止出现偷盗气或仪表故障。在抄表时，应注意观察各类仪表异常情况（诸如瞬时流量、温度、压力、铅封、表蒙、电池、封缄情况和周检情况等是否异常）。

检查工作尤其应注意以下方面：检查仪表运行工作状态，主要包括通气状态下，计数装置运行是否正常（累加）及运行有无异常响动；检查仪表是否与用户用气设备相匹配；检查仪表是否出现锈蚀或被攻击等现象；检查仪表封缄的完整性；检查仪表是否超出周检期限等。

2. 腰轮流量计运行维护

新安装的腰轮流量计，经安装检查无误后，应进行试运行工作。

1）关闭流量计前后的阀门（开关阀和调节阀），缓慢打开旁通阀，使流体从旁通阀流过，冲洗管道中残留的杂物并使流量计进出口压力平衡。若无旁通管路，则可先用一短管代替流量计装在管路中使流体通过，待管路被洗干净后，取下短管换上流量计。

2）启动流量计，对于有电信号远传的智能型流量计，应先接好信号线和电源线，接通电源使仪表正常工作。然后，先缓慢打开流量计前的开关阀，再缓慢打开流量计后的调节阀，最后缓慢关闭旁通阀门，用流量计出口的调节阀调节流量，使流量计在正常流量下工作。

3）观察记录各项运行参数的变化，如温度、压力等。系统应没有大的振动、噪声和泄漏等情况，经稳定运行一段时间后，试运行结束。经常注意被测介质的流量、温度、压力等参数是否符合流量计的使用范围。

4）仪表严格执行“有压启动”原则。一般应制定严格的操作程序及规范，包括流量计的使用规范、检验流量计的操作规程和检定周期、流量计故障处理程序、备用流量计的启用规定及流量计和旁通阀的封缄等。

5）定期对流量计、阀门、管路系统、过滤器、温度计和压力表等进行检查、维护和检验。

3. 涡轮流量计运行维护

1）不能轻易打开流量计表头前、后盖，不能轻易变更流量计中的接线与参数。

2）在开启时一定要缓慢打开阀门，以免涡轮和轴承在过流量时受到冲击而损坏。

3）对于需要加润滑油的流量计，应按要求定时加油，以保证轴承的充分润滑，提高运行可靠性和使用寿命。

4）防止长时间超流量运行，超流量运行会严重影响使用寿命。

5）对于电子显示的流量计，要注意电池是否欠压，并及时更换。

6）正确处理涡轮流量计的仪表系数。每台涡轮流量计的仪表系数均通过检定给出，要谨防丢失。

7）涡轮流量计长期使用后，由于轴承的磨损等，其仪表系数 K 值会发生变化，因此要注意周期调校检定。若超差无法通过调校达到准确度，应更换涡轮机芯或流量传感器。

4. 超声波流量计运行维护

（1）外观检查　在外观检查中，应仔细检查流量计内腔和超声换能器端头是否有污物沉积、磨损或其他可能影响流量计性能的损伤。

（2）零流量测试　在无流动介质的情况下，检查流量计的读数是否为零或在流量计本身规定的允许范围内。

（3）声速测试及分析　在进行现场验证测试时，若有必要，可进行声速测试和分析。首先测出某一工况条件下的实际声速，再计算出相同条件下的理论声速，两者之间的差值应当在流量计本身规定的允许范围内。

（4）声道长度测试及分析　首先测量出实际声道长度，然后在零流量的条件下，由理论声速和测量出的传播时间计算出理论声道长度，两者之间的差值应当在流量计本身规定的允许范围内。声道间读数差异检查，对于多声道气体超声流量计，应检查不同声道在零流量条件下的读数，其读数差异应当在流量计本身规定的允许范围内。

（5）测试报告　根据测试、检查及分析结果，应做出包括流量计名称、型号规格、制造厂、投运日期、工况条件（气质、流量、压力、温度及安装方式等）、测试机构（人员）、测试内容及方法、测试结果、异常情况原因分析及建议措施等在内的测试报告。

2.8.2　系统运行维护

计量系统应定期巡检，其维护工作应包括以下四个方面：

1）现场清洁无污物；各计量仪表运行状态良好；计量管路中的流量计、阀门、取压管、卡套连接部件、管座和温度计套管无泄漏，防爆挠性连接管连接正常；供电设施运行状况良好。

2）在计量系统定期巡查过程中，如果发现异常情况应及时上报和处理；巡查后应详细填写巡查单，每月报送相关月统计报表。同时应定期对系统中的气体超声流量计和气体涡轮流量计进行维护保养，对于气体涡轮流量计应定期加注润滑油，对于气体超声流量计应密切关注数据的准确性及是否有受到信号干扰等。

3）运行与维护工作应建立并保存档案，档案中应包括系统操作维修和维护所需的全部记录资料；纸质记录资料应至少保存三年。

4）在检查、测试或检定期间的每个阶段，应由承担该项工作的人员完成一份测试记录单，所有记录都应按照用户及计量系统的操作程序保持其持久性和完整性。

2.8.3　计量仪表的强制检定

为持续优化营商环境，深入落实“放管服”改革举措，国家市场监督管理总局决定调整实施强制管理的计量器具目录。现将调整后的《实施强制管理的计量器具目录》（以下简称《目录》）予以公布。

1）自本公告发布之日起，列入《目录》且监管方式为“型式批准”和“型式批准、强制检定”的计量器具应办理型式批准或者进口计量器具型式批准；其他计量器具不再办理型式批准或者进口计量器具型式批准。

2）自本公告发布之日起，列入《目录》且监管方式为“强制检定”和“型式批准、强制检定”的工作计量器具，使用中应接受强制检定，其他工作计量器具不再实行强制检定，使用者可自行选择非强制检定或者校准的方式，保证量值准确。

3）自本公告发布之日起，各级市场监管部门对不在《目录》型式批准范围内的计量器具，已经受理但尚未完成型式批准的，依法终止行政许可程序；各级计量技术机构对不在《目录》强制检定范围内的工作计量器具，已经受理但尚未完成检定的，继续完成检定工作。

4）根据强制检定的工作计量器具的结构特点和使用状况，强制检定采取以下两种方式：

① 只做首次强制检定。按实施方式分为：只做首次强制检定，失准报废；只做首次强制检定，限期使用，到期轮换。

② 进行周期检定。

5）强制检定的工作计量器具的检定周期，由相应的检定规程确定。凡计量检定规程规定的检定周期做了修订的，应以修订后的检定规程为准。

其中，电动汽车充电桩延期至 2023 年 1 月 1 日起实行强制检定。鼓励各地方对其具体强制检定方式予以探索。

6）强制检定的工作计量器具的强检方式、强检范围及说明见《目录》。

7）自本公告发布之日起，《市场监管总局关于发布实施强制管理的计量器具目录的公告》（2019 年第 48 号）废止，其中第四项废止的相关文件依然废止。

强制检定目录相关条目节选见表 2-6。

表 2-6　强制检定目录相关条目节选

一级序号	二级序号	一级目录	二级目录	监管方式	强检方式	强检范围及说明
11	（15）	燃气表	燃气表 G1.6～G16	型式批准 强制检定	工业用：周期检定 生活用：首次强制检定，限期使用，到期轮换	用于贸易结算：煤气（天然气）用量的测量
13	（17）	流量计	流量计（口径范围 DN300 及以下）	型式批准 强制检定	周期检定	用于贸易结算：液体、气体、蒸汽流量的测量

相关常用燃气体积流量仪表检定规程名称如下：

1）JJG 577—2012《膜式燃气表检定规程》。

2）JJG 640—2016《差压式流量计检定规程》。

3）JJG 1030—2007《超声流量计检定规程》。

4）JJG 633—2005《气体容积式流量计检定规程》。

5）JJG 1037—2008《涡轮流量计检定规程》。

6）JJG 1132—2017《热式气体质量流量计检定规程》。

计量系统所配置的膜式燃气表、超声波燃气表、热式燃气表、腰轮流量计、气体超声流量计、气体涡轮流量计和热式气体质量流量计必须分别依据现行行业标准进行首次检定和周期检定。

（1）膜式燃气表　JJG 577—2012《膜式燃气表检定规程》中规定：“对于最大流量 $q_{max} \leqslant 10m^3/h$ 且用于贸易结算的燃气表只做首次强制检定，限期使用，到期更换。以天然气为介质的燃表使用期限一般不超过 10 年。以人工燃气、液化石油气等为介质的燃气表使用期限一般不超过 6 年。对于最大流量 $q_{max} \geqslant 16m^3/h$ 的燃气表检定周期一般不超过 3 年。”

（2）超声波燃气表　对于超声波燃气表，各地方均有出台相应的检定规程，JJG（沪）55—2016《超声波燃气表检定规程》中规定：“对于最大流量 $q_{max} \leqslant 10m^3/h$ 且用于贸易结算的燃气表只做首次强制检定，限期使用，到期更换。燃气表的使用期限一般不超过 10 年。对于最大流量 $q_{max} \geqslant 16m^3/h$ 的燃气表检定周期一般不超过 3 年。”

（3）热式燃气表　对于热式燃气表，各地方也有出台相应的检定规程，JJG（京）

3010—2020《热式燃气表检定规程》中也规定："对于最大流量 $q_{max} \leqslant 10m^3/h$ 且用于贸易结算的燃气表只做首次强制检定，限期使用，到期更换。以天然气为介质的燃气表使用期限一般不超过 10 年。对于最大流量 $q_{max} \geqslant 16m^3/h$ 的燃气表检定周期一般不超过 3 年。"

（4）容积式流量计　对于腰轮流量计等其他容积式流量计，JJG 633—2005《气体容积式流量计检定规程》中规定："准确度等级为 0.2 级和 0.5 级的流量计，检定周期为 2 年，其余等级的流量计检定周期为 3 年；对周期检定的流量计，若按本标准中公式（6）（此时 K 取上次检定证书中给出的流量计系数）计算所得的示值误差超过最大允许误差，而按本标准中公式（7）计算得到的示值误差符合要求，则检定周期为 1 年。"

（5）涡轮流量计　JJG 1037—2008《涡轮流量计检定规程》中规定："流量计的检定周期一般为 2 年，准确度等级不低于 0.5 级的检定周期为 1 年。"

（6）超声流量计　JJG 1030—2007《超声流量计检定规程》中规定："检定周期一般不超过 2 年。对插入式流量计，如流量计具有自诊断功能，且能够保留报警记录，也可每 6 年检定一次并每年在使用现场进行使用中检验。"

（7）热式气体质量流量计　JJG 1132—2017《热式气体质量流量计检定规程》中规定："流量计的检定周期一般不超过 2 年。"

计量系统所配置的附属仪表须进行首次检定和周期检定：

（1）温度变送器　应依据现行行业标准 JJF 1183—2007《温度变送器校准规范》执行。

（2）压力变送器　应依据现行行业标准 JJG 882—2019《压力变送器检定规程》执行："压力变送器的检定周期可根据使用环境条件及使用频繁程度来确定，一般不超过 1 年"。

（3）体积修正仪　体积修正仪目前还没有行业标准，但有地方标准如 JJF（京）53—2018《燃气流量计体积修正仪校准规范》，可以参考执行。

第3章　测量数据的处理

3

测量数据处理是指从获得数据开始到得出最后结论的整个加工过程，包括数据记录、整理、计算、分析和绘制图表等。燃气计量必然需要进行一些流量方面的测量实验，这些测量数据的处理与结果分析也是实验的重要环节，同时也是测量工作的重要内容。本章主要介绍数据处理方法与数据判别、测量不确定度的表示与评定、测量结果的处理和报告、检测结果的验证与比对等。

3.1　数据处理方法与数据判别

3.1.1　系统误差

系统误差是指在重复性条件下，对同一被测量进行无限多次测量所得结果的平均值与被测量的真值之差，即

系统误差 = 测量平均值 - 真值

1）在规定的测量条件下多次测量同一个量，由所得测量结果与计量标准所复现的量值之差可以发现并得到恒定的系统误差的估计值。

2）在测量条件改变时，如时间、温度和频率等条件改变时，测量结果按某一确定的规律变化，可能是线性地或非线性地增长或减小，由此可以发现测量结果中存在可变的系统误差。

消除或减小系统误差的方法：对系统误差的已知部分，用对测量结果进行修正的方法来减小系统误差。在测量结果上加修正值，修正值的大小等于系统误差估计值的大小，但符号相反。

当测得值与相应的标准值比较时，测得值与标准值的差值为测得值的系统误差估计值 Δ。

$$\Delta = \overline{X} - X_s \tag{3-1}$$

式中　$\overline{X}$——未修正的测量结果；

X_s——标准值。

若修正值以字母 C 表示，则 $C = -\Delta$。

已修正的测量结果 = 未修正的测量结果 + 修正值

在实验过程中尽可能减少或消除一切产生系统误差的因素。其主要影响因素包括人员、方法和设备调整。

3.1.2 标准偏差的估计方法

1. 常用实验标准偏差估计方法

用有限次测量数据得到的标准偏差的估计值称为实验标准偏差，用 s 表示。在相同条件下，对被测量 X 做 n 次独立重复测量，每次测得值为 x_i，测量次数为 n，则实验标准偏差可按以下几种方法估计：

（1）贝塞尔公式法　将有限次独立重复测量的一系列测量值代入式（3-2）得到估计的标准偏差：

$$s(x) = \sqrt{\frac{\sum_{i=1}^{n}(x_i - \overline{X})^2}{n-1}} = \sqrt{\frac{\sum_{i=1}^{n}\nu_i^2}{n-1}} \tag{3-2}$$

式中　$s(x)$——测量值 x 的实验标准偏差（单次）；

ν_i——残差，$\nu_i = x_i - \overline{X}$；

$n-1$——自由度；

$\overline{X}$——n 次测量的算术平均值。

$$\overline{X} = \frac{1}{n}\sum_{i=1}^{n} x_i \tag{3-3}$$

（2）最大残差法　从有限次独立重复测量的一系列测量值中找出最大残差 $\nu_{\max}$，并根据测量次数 n 查表得到残差系数 c_n，代入式（3-4）得到估计的标准偏差：

$$s(x) = c_n\left|\nu_{\max}\right| \tag{3-4}$$

（3）极差法　从有限次独立重复测量的一系列测量值中找出最大值 $x_{\max}$ 和最小值 $x_{\min}$，得到极差 $R = x_{\max} - x_{\min}$，根据测量次数 n 查表得到极差系数 C，代入式（3-5）得到估计的标准偏差：

$$s = \frac{x_{\max} - x_{\min}}{C} \tag{3-5}$$

（4）较差法　从有限次独立重复测量的一系列测量值中，将每次测量值与后一次测量值比较得到差值，代入式（3-6）得到估计的标准偏差：

$$s(x) = \sqrt{\frac{(x_2 - x_1)^2 + (x_3 - x_2)^2 + \cdots + (x_n - x_{n-1})^2}{2(n-1)}} \tag{3-6}$$

2. 各估计方法的比较

贝塞尔公式法是一种基本的方法，但 n 很小时其估计的不确定度很大，例如：$n=9$ 时，由这种方法获得的标准偏差估计值的标准不确定度为25%；而 $n=3$ 时，标准偏差估计值的标准不确定度达50%。因此它适合于测量次数较多的情况。

极差法和最大残差法使用起来比较简便，但当数据的概率分布偏离正态分布较大时，应以贝塞尔公式法的结果为准。测量次数较少时常用极差法。较差法更适用于随机过程的方差分析。

若测量值的实验标准偏差为 $s(x)$，则算术平均值的实验标准偏差为

$$s(\overline{X}) = \frac{s(x)}{\sqrt{n}} \tag{3-7}$$

由式（3-7）可知，算术平均值的实验标准偏差 s（$\overline{X}$）与 $\sqrt{n}$ 成反比。测量次数增加，

$s(\overline{X})$减小，即算术平均值的分散性减小。即增加测量次数，用多次测量的算术平均值作为测量结果，可以减小随机误差。

3.1.3　异常值的判别和剔除

1. 异常值

异常值又称离群值，指在对一个被测量重复测量时所获得的若干测量结果中，出现了与其他值偏离较远且不符合统计规律的个别值，它们可能属于来自不同的总体，或属于意外的、偶然的测量错误，也称为存在着“粗大误差”。

异常值产生的原因包括意外的条件变化、人为读数或记录错误、仪器内部的偶发故障等。异常值应剔除，但不能随意剔除。如果一系列测量值中混有异常值，就必然会歪曲测量的结果。将该值剔除不用，就使结果更符合客观情况。

在有些情况下，一组正确测得值的分散性，本来是客观地反映了实际测量的随机波动特性的，但若人为地丢掉了一些偏离较远但不属于异常值的数据，由此得到的所谓分散性很小，实际上是虚假的。因为以后在相同条件下再次测量时原有正常的分散性还会显现出来，所以必须正确地判别和剔除异常值。

在测量过程中确实是因记错、读错数据，仪器的突然故障，或外界条件的突变等异常情况引起的异常值，应随时发现随时剔出。这种从技术上和物理上找出产生异常值的原因，是发现和剔出异常值的首要方法。日常的检定/校准工作出证书必须要有核验人员签字，核验主要是发现和剔除异常值。

有时在测量完成后也不能确定可疑值是否为粗大误差，这时就需要采用统计判别法。

2. 判别异常值常用的统计方法

（1）拉依达准则　在重复测量次数足够多的前提下（$n>>10$），设按贝塞尔公式计算出的实验标准偏差为s，若某个可疑值x_d与n个结果的平均值$\overline{X}$之差的绝对值大于$3s$时，则判定x_d为异常值，即$|x_d-\bar{x}|\geqslant 3s$。

对被测量X进行n次独立重复测量，得到一系列数据：x_1，x_2，…，x_d，…，x_n。

1）计算平均值。

2）计算实验标准偏差。

3）找出可疑的测量值x_d，求可疑值的残差。

4）若$|x_d|\geqslant 3s(x)$，则x_d为异常值，予以剔除。

该准则适合测量次数大于50的情况。

（2）格拉布斯准则　设在一组重复测量结果中，其残差ν_i的绝对值$|\nu_i|$最大者为可疑值x_d，在给定的置信概率$P=99\%$或$P=95\%$，也就是显著性水平为$\alpha=1-P=0.01$或0.05时，如果满足式（3-8），则可以判定x_d为异常值。

$$\frac{|x_d-\bar{x}|}{s}\geqslant G(\alpha,n) \tag{3-8}$$

式中　$G(\alpha,n)$——与显著性水平α和重复测量次数n有关的格拉布斯临界值，可查表得到。

对被测量X进行n次独立重复测量，得到一系列数据：x_1，x_2，…，x_d，…，x_n。

1）计算平均值。

2）计算实验标准偏差。

3）找出可疑的测量值 x_d，求可疑值的残差 ν_d。

4）若 $|\nu_d| \geqslant Gs(x)$，则 x_d 为异常值，予以剔除。

对于样本中只混入一个异常值的情况，用该准则检验功效最高。

（3）狄克逊准则　对被测量 X 进行 n 次独立重复测量，得到一系列数据，按由小到大排列为 x_1，x_2，…，x_n。狄克逊准则判断见表 3-1。

表 3-1　狄克逊准则判断

样本大小	对最大值的判断	对最小值的判断	判据
$n=3\sim7$	$r_{10}=\dfrac{x_n-x_{n-1}}{x_n-x_1}$	$r'_{10}=\dfrac{x_2-x_1}{x_n-x_1}$	$r_{ij}>r'_{ij}, r_{ij}>D(\alpha,n)$ 时，则 x_n 为异常值；$r_{ij}<r'_{ij}, r'_{ij}>D(\alpha,n)$ 时，则 x_1 为异常值；否则，没有异常值
$n=8\sim10$	$r_{11}=\dfrac{x_n-x_{n-1}}{x_n-x_2}$	$r'_{11}=\dfrac{x_2-x_1}{x_{n-1}-x_1}$	
$n=11\sim13$	$r_{21}=\dfrac{x_n-x_{n-2}}{x_n-x_2}$	$r'_{21}=\dfrac{x_3-x_1}{x_{n-1}-x_1}$	
$n=14\sim40$	$r_{22}=\dfrac{x_n-x_{n-2}}{x_n-x_3}$	$r'_{22}=\dfrac{x_3-x_1}{x_{n-2}-x_1}$	

注：$D(\alpha,n)$ 为与显著性水平 α 和重复测量次数 n 有关的狄克逊临界值，可查表得到。

3. 三种判别准则的比较

1）在 $n>50$ 的情况下，拉依达准则（3σ 准则）较简便。

2）在 $3<n<50$ 的情况下，格拉布斯准则效果较好，适用于单个异常值。

3）当有多于一个异常值时，狄克逊准则较好。

3.1.4　测量重复性和复现性的评定

1. 测量重复性的评定

（1）计量标准的重复性评定　计量标准的重复性是指在相同测量条件下，重复测量同一被测量时，计量标准提供相近示值的能力。其测量条件包括：相同的测量程序，相同的观测者，在相同条件下使用相同的计量标准，相同地点，在短时间内重复测量。

计量标准的重复性是计量标准的能力，为了能评定出计量标准的能力，应选择常规的被测对象（尽可能选择实物量具、标准物质或具有良好重复性的测量仪器作为被测样品，以减小被测样品本身不重复对评定结果的影响）。

计量标准的重复性用实验标准偏差 $s_r(y)$ 定量表示：

$$s_r(y)=\sqrt{\frac{\sum_{i=1}^{n}(y_i-\bar{y})^2}{n-1}} \tag{3-9}$$

式中　y_i——每次测量的测得值；

n——测量次数；

$\bar{y}$——n 次测量的算术平均值。

在评定计量标准的重复性时，通常取 $n=10$。

计量标准的重复性应当作为检定或校准结果的测量不确定度的一个分量。新建计量标准应当进行重复性评定，并提供测试的数据；已建计量标准，至少每年进行一次重复性评定，测得的重复性应满足检定或校准结果的测量不确定度的要求。

（2）测量结果的重复性评定　测量结果的重复性是指在相同条件下，对同一被测量进行连续多次测量所得结果之间的一致性。相同条件又称重复性条件，包括：相同的测量程序，相同的观测者，在相同条件下使用相同的测量仪器，相同地点，在短时间内的重复测量。同样用式（3-9）实验标准偏差 $s_{r}(y)$ 来定量表示。

测量结果的重复性是测量结果的不确定度的一个分量，它是获得测量结果时，各种随机影响因素的综合反映，包括了所用的计量标准、配套仪器、环境条件、人员素质等因素，以及实际被测量的随机变化。

在测量结果的不确定度评定中，当测量结果由单次测量得到时，它直接就是由重复性引入的不确定度分量；当测量结果由 n 次重复测量的平均值得到时，由重复性引入的不确定度分量为 $\frac{s(y_i)}{\sqrt{n}}$。

2. 测量复现性的评定

测量复现性是指在改变了的测量条件下，同一被测量的测量结果之间的一致性。

改变了的测量条件可以是测量原理、测量方法、观测者、测量仪器、计量标准、测量地点、环境及使用条件、测量时间。改变的可以是这些条件中的一个或多个。因此，给出复现性时，应明确说明所改变条件的详细情况。

复现性可用实验标准偏差 $s_{R}(y)$ 定量表示：

$$s_{R}(y) = \sqrt{\frac{\sum_{i=1}^{n}(y_i - \bar{y})^2}{n-1}} \tag{3-10}$$

3. 测量重复性和复现性的相关条件及评定方式

1）人员比对和实验室比对可改变的相关条件。测量原理、测量方法、观测者、测量仪器、计量标准、测量地点、环境及使用条件、测量时间。

2）标准物质定值。采用不同的方法对同一个物质进行测量，将测量结果按式（3-10）计算量值的复现性。

3）在计量标准的稳定性评定中，实际所做的是计量标准随时间改变的复现性。复现性中所涉及的测量结果通常指已修正结果，特别是在改变了测量仪器和计量标准时，不同仪器和不同标准均各有其修正值的情况。

3.1.5　加权算术平均值与标准偏差的计算

对同一量进行多组测量，显然测量次数越多，测量结果越可信任，在取平均值时就应占较大比重。

1. 加权算术平均值的计算

加权算术平均值 x_{w} 表征对同一被测量进行多组测量，考虑各组的权后所得的被测量估计值，计算公式为

$$x_{\mathrm{w}} = \frac{\sum_{i=1}^{m} W_i \overline{x_i}}{\sum_{i=1}^{m} W_i} \tag{3-11}$$

式中 W_i——第 i 组观测结果的权；

$\overline{x_i}$——第 i 组的观测结果平均值；

m——重复观测的组数。

2. 权的计算

若有 m 组观测结果：x_1，x_2，…，x_m，其合成标准不确定度（分别为 u_{c1}，u_{c2}，…，u_{cm}）称为测量结果的合成方差。任意设定第 n 个合成方差为单位权方差 $u_{cn}^2 = u_0^2$，即相应的观测结果的权为1，$W_n = 1$，则 x_i 的权 W_i 的计算公式为 $W_i = u_0^2/u_{ci}^2$。由此可知，合成标准不确定度越小，权越大。

加权算术平均值 x_{w} 的实验标准偏差 s_{w} 按下式计算：

$$s(\overline{x_{\mathrm{w}}}) = \sqrt{\frac{\sum_{i=1}^{m} W_i (x_i - \overline{x_{\mathrm{w}}})^2}{(m-1)\sum_{i=1}^{m} W_i}} \tag{3-12}$$

3.1.6 误差的表示与评定

1. 最大允许误差的表示形式

测量仪器的最大允许误差是由给定测量仪器的规程或规范所允许的示值误差的极限值。

最大允许误差可以用绝对误差、相对误差、引用误差或它们的组合形式表示。

1）用绝对误差表示的最大允许误差：$\Delta = \pm a$。最大允许误差限不随示值而变化，其应有数值和测量单位。

2）用相对误差表示的最大允许误差，为绝对误差与相应示值之比的百分数：

$$\delta = \pm |\Delta/x| \times 100\% \tag{3-13}$$

式中 x——测量仪器的示值或实物量具的标称值。

相对允许误差限随示值而变化，相对允许误差没有测量单位，是其绝对误差与相应示值之比的百分数。

最大允许误差用相对误差形式表示，有利于在整个测量范围内的技术指标用一个误差限来表示。

3）用引用误差表示的最大允许误差，是绝对误差与特定值之比的百分数：

$$\delta = \pm |\Delta/x_{\mathrm{N}}| \times 100\% \tag{3-14}$$

式中 x_{N}——引用值（特定值），通常是量程上限或满刻度值。

4）以绝对误差和相对误差组合的形式表示。

例如：标准钢卷尺的最大允许误差为 $\Delta = \pm(0.04\mathrm{mm} + 4\times10^{-5}L)$，其中 L 为标准钢卷尺量程（mm）。

5）以相对误差和引用误差组合的形式表示。

注意：用组合形式表示最大允许误差时，“±”号应在括号外。

2. 计量器具示值误差的评定

根据被检仪器的情况不同，计量器具示值误差的评定方法有三种：比较法、分部法和组合法。

（1）计量器具的绝对误差和相对误差计算

1）绝对误差的计算。通常把定义的示值误差又称绝对误差，按下式计算：

$$\Delta = x - x_s \tag{3-15}$$

式中　Δ——示值的绝对误差；

x——被检仪器的示值；

x_s——标准值。

2）相对误差的计算。相对误差是测量仪器的示值误差与相应示值之比。相对误差用符号 δ 表示，按下式计算：

$$\delta = \frac{\Delta}{x_s} \times 100\% \tag{3-16}$$

例如，标称值为 100Ω 的标准电阻器，其绝对误差为 -0.02Ω，则其相对误差计算如下：

$$\delta = \frac{-0.02\Omega}{100\Omega} \times 100\% = -0.02\% = -2 \times 10^{-4}$$

相对误差同样有正号或负号，但由于它是一个相对量，一般没有单位（即量纲为 1），常用百分数表示，有时也用其他形式表示（如 mΩ/Ω）。

（2）计量器具的引用误差计算　引用误差是测量仪器的示值的绝对误差与该仪器的特定值之比值。特定值又称引用值 x_N，通常是仪器测量范围的上限值（或称满刻度值）或量程。引用误差 δ_f 按下式计算：

$$\delta_f = \frac{\Delta}{x_N} \times 100\% \tag{3-17}$$

引用误差同样有正号或负号，它也是一个相对量，一般没有单位（即量纲为 1），常用百分数表示，有时也用其他形式表示（如 Ω/Ω）。

3. 检定时判定计量器具合格或不合格的判据

按照 JJF 1094—2002《测量仪器特性评定》的规定，当计量标准的不确定度（U_{95} 或 $k=2$ 时的 U）与被检计量器具的最大允许误差（MPEV）之比满足小于或等于 1/3，即满足

$$U_{95} \leqslant 1/3\text{MPEV}\ （前提条件）$$

合格评定判据：

$$|\Delta| \leqslant \text{MPEV}\ （判为合格）$$

不合格评定判据：

$$|\Delta| > \text{MPEV}\ （判为不合格）$$

式中　$|\Delta|$——被检计量器具示值误差的绝对值；

MPEV——被检计量器具示值的最大允许误差的绝对值。

对于型式评价和仲裁鉴定，必要时 U_{95} 与 MPEV 之比也可取小于或等于 1/5。

依据规程检定时，因规程已有明确规定，故无须考虑示值误差评定的测量不确定度对符

合性评定的影响。

3.2 测量不确定度的表示与评定

3.2.1 统计技术的应用

1. 概率分布

在 n 次独立的连续实验中，事件 A 发生了 m 次，m 称为事件的频数，m/n 称为相对频数或频率。当 n 极大时，频率 m/n 稳定地趋于某一个常数，此常数称为事件 A 的概率，记为 $p(\mathrm{A})=P$ 。概率 P 是用以度量随机事件 A 在实验中出现可能性大小的数值。

（1）概率的表示　测量值 x 落在 x_0 到 $x_0+\Delta x$ 区间的概率可表示为 $p(x_0\leqslant x\leqslant x_0+\Delta x)$。

（2）方差　方差是无穷多次测量的随机误差（测量值与期望值之差）平方的算术平均值的极限，用符号 σ^2 表示。其计算公式为

$$\sigma^2=\lim_{n\to\infty}\left[\frac{\sum_{i=1}^{n}(x_i-\mu)^2}{n}\right] \tag{3-18}$$

测量值与期望值之差是随机误差，用 δ 表示，$\delta_i=x_i-\mu$，方差就是随机误差平方的期望值。方差说明了随机误差的大小和测量值的分散程度。

2. 有限次测量时算术平均值和实验标准偏差

（1）算术平均值　算术平均值是有限次测量时概率分布的期望 μ 的估计值。由大数定理证明，若干个独立同分布的随机变量的平均值以无限接近于 1 的概率接近于其期望值 μ，所以算术平均值是其期望的最佳估计值。通常用算术平均值作为测量结果中被测量的最佳估计值。

（2）实验标准偏差　实验标准偏差 s 是有限次测量时标准偏差 σ 的估计值。最常用的估计方法是贝塞尔公式法。

3. 正态分布（高斯分布）

正态分布又称高斯分布，其概率密度函数 $p(x)$ 为

$$p(x)=\frac{1}{\sigma\sqrt{2\pi}}\mathrm{e}^{\left[\frac{-(x-\mu)^2}{2\sigma^2}\right]} \tag{3-19}$$

正态分布时置信概率与置信因子 k 的关系见表 3-2。

表 3-2　正态分布时置信概率与置信因子 k 的关系

项目	对应值						
置信因子 k	0.676	1	1.645	1.96	2	2.58	3
置信概率 P	50%	68.27%	90%	95%	95.45%	99%	99.73%

4. 常用的非正态分布函数

（1）均匀分布（图 3-1）　均匀分布为等概率分布，又称矩形分布。均匀分布的概率密度函数为

$$p(x)=\begin{cases}\dfrac{1}{a_+-a_-} & a_-\leqslant x\leqslant a_+\\ 0 & x<a_- \text{且} x>a_+\end{cases} \tag{3-20}$$

均匀分布的标准偏差为

$$\sigma(x)=\frac{a_+-a_-}{\sqrt{12}} \tag{3-21}$$

（2）三角分布（图3-2）　三角分布呈三角形，三角分布的概率密度函数为

$$p(x)=\begin{cases}\dfrac{a+x}{a^2} & -a\leqslant x\leqslant 0\\ \dfrac{a-x}{a^2} & 0\leqslant x\leqslant a\\ 0 & x<-a \text{且} x>a\end{cases} \tag{3-22}$$

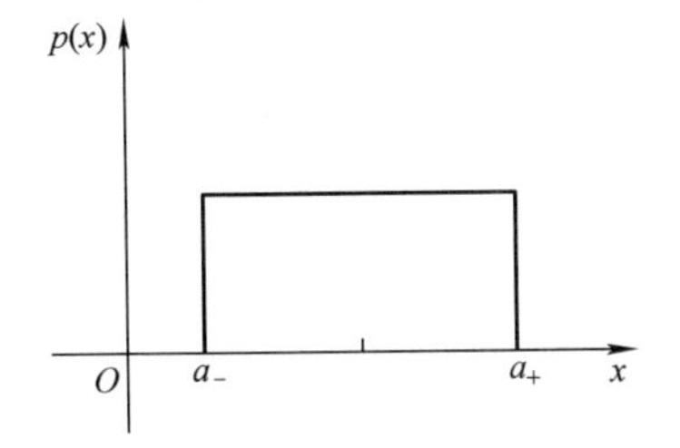

图3-1　均匀分布（矩形分布）

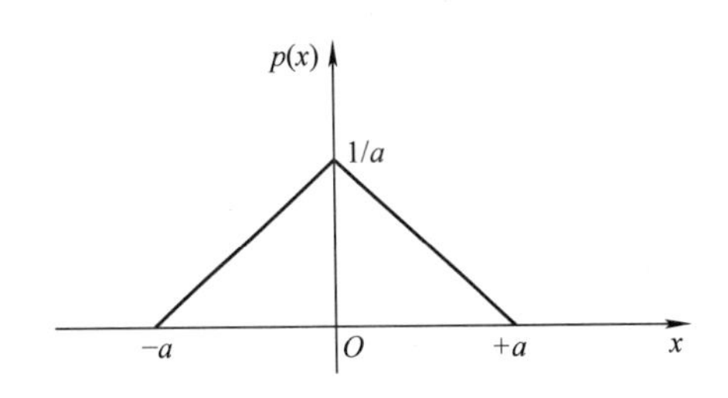

图3-2　三角分布

（3）梯形分布（图3-3）　梯形分布的概率密度函数为

$$p(x)=\begin{cases}\dfrac{1}{a(1+\beta)} & |x|\leqslant\beta a\\ \dfrac{a-|x|}{a^2(1-\beta^2)} & \beta a\leqslant|x|\leqslant a\\ 0 & \text{其他}\end{cases} \tag{3-23}$$

（4）反正弦分布（图3-4）　反正弦分布的概率密度函数为

$$p(x)=\begin{cases}\dfrac{1}{\pi\sqrt{a^2-x^2}} & -a<x<a\\ 0 & x\leqslant -a \text{且} x\geqslant a\end{cases} \tag{3-24}$$

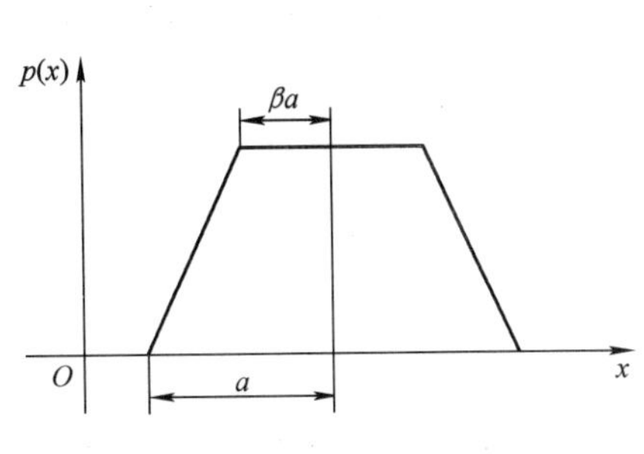

图3-3　梯形分布

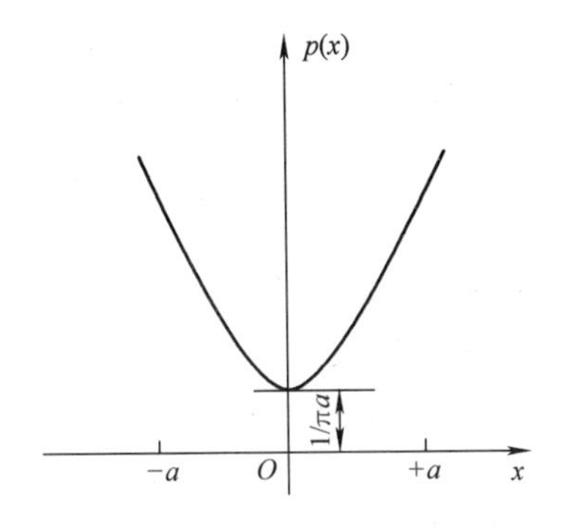

图3-4　反正弦分布

非正态分布的标准偏差与置信因子的关系见表3-3。

表3-3 非正态分布的标准偏差与置信因子的关系

非正态分布	标准偏差 σ	置信因子 $k(P=100\%)$
均匀分布	$a/\sqrt{3}$	$\sqrt{3}$
三角分布	$a/\sqrt{6}$	$\sqrt{6}$
梯形分布	$a\sqrt{1+\beta^2}/\sqrt{6}$	$\sqrt{6}/\sqrt{1+\beta^2}$
反正弦分布	$a/\sqrt{2}$	$\sqrt{2}$

3.2.2 测量不确定度的评定步骤

测量不确定度的评定步骤如下：

1）明确被测量，必要时给出被测量的定义及测量过程的简单描述。测量过程包括测量原理、测量仪器及其使用条件、测量程序、数据处理程序等。

2）列出所有影响测量不确定度的影响量（即输入量 x_i），并给出用以评定测量不确定度的数学模型。

① 影响量：人、机、料、法、环。

② 建立数学模型也称为测量模型化，即建立被测量和所有影响量之间的函数关系。数学模型中应包括所有对测量不确定度有影响的输入量。

$$y=f(x_1,x_2,\cdots,x_n) \tag{3-25}$$

式中 x_i——输入量；

y——输出量。

3）评定各输入量的标准不确定度 $u(x_i)$，并通过灵敏系数 c_i 进而给出与各输入量对应的不确定度分量 $u_i(y)=|c_i|u(x_i)$。

4）计算合成标准不确定度 $u_c(y)$。计算时，应考虑各输入量之间是否存在值得考虑的相关性，对于非线性数学模型则应考虑是否存在值得考虑的高阶项。

5）列出不确定度分量的汇总表，表中应给出每个不确定度分量的详细信息。

6）对被测量的分布进行估计，并根据分布和所要求的置信水平 P 确定包含因子 k_P。

7）当无法确定被测量 y 的分布时，或该测量领域有规定时，也可以直接取包含因子 $k=2$。

8）由合成标准不确定度 $u_c(y)$ 和包含因子 k 或 k_P 的乘积，分别得到扩展不确定度 U 或 U_P。

9）给出测量不确定度的最后陈述。其中应给出关于扩展不确定度的足够信息。利用这些信息，至少应该使用户能从所给的扩展不确定度重新导出检定或校准结果的合成标准不确定度。

3.2.3 测量不确定度的评定方法

1. 分析不确定度来源

1）被测量的定义不完全。

2）复现被测量的测量方法不理想。

3）被测量的样本可能不完全代表定义的被测量。

4）对测量过程受环境影响的认识不准确或对环境的测量与控制不完善（如压力表检定

中的标准压力表的环境温度）。

5）人员的读数偏差。

6）测量仪器计量性能的局限性（如最大允许误差、分辨力等）。

7）测量标准或测量设备不完善。

8）数据处理时所引用的常数或其他参数不准确。

9）测量方法、测量系统和测量程序不完善（温差）。

10）相同条件下，被测量重复观测的随机变化。

11）修正不完善。在分析测量结果的不确定度来源时，可从测量仪器、测量环境、测量方法、被测量等方面全面考虑，应尽可能做到不遗漏、不重复。特别应考虑对测量结果影响较大的不确定度来源。

2. 标准不确定度分量的评定

标准不确定度分量的评定分为 A 类评定方法和 B 类评定方法。用对测量样本统计分析进行不确定度评定的方法称为不确定度的 A 类评定，A 类评定用实验标准偏差表征标准不确定度；用不同于测量样本统计分析的其他方法进行不确定度评定的方法称为不确定度的 B 类评定。

（1）标准不确定度分量的 A 类评定方法　对被测量 X，在同一条件下进行 n 次独立重复观测，观测值为 $x_i(i=1,2,\cdots,n)$，得到算术平均值$\overline{X}$及实验标准偏差 $s(x)$，$\overline{X}$为测量结果（被测量的最佳估计值），算术平均值的实验标准偏差 $u_A(x)$就是测量结果的 A 类标准不确定度：

$$u_A(x)=s(\overline{X})=\frac{s(x)}{\sqrt{n}} \tag{3-26}$$

1）基本的标准不确定度 A 类评定。

① 对被测量 X，在同一条件下进行 n 次独立重复观测，得到观测值 x_1，x_2，…，x_n。

② 计算算术平均值。

③ 计算残差。

④ 计算实验标准偏差 $s(x)$。

⑤ 计算算术平均值的实验标准偏差 $u_A(x)$。

2）测量过程的 A 类标准不确定度评定。对一个测量过程，如果采用核查标准核查的方法使测量过程处于统计控制状态，则该测量过程的实验标准偏差为合并标准偏差 s_P。

若每次核查时测量次数 n 相同（即自由度相同），每次核查时的样本标准偏差为 s_i，共核查 k 次，则合并标准偏差 s_P 为

$$s_P=\sqrt{\frac{\sum_{i=1}^{k}s_i^2}{k}} \tag{3-27}$$

此时 s_P的自由度为$(n-1)k$。

在该测量过程中，测量结果的 A 类标准不确定度为

$$u_A=\frac{s_P}{\sqrt{n'}} \tag{3-28}$$

式中　n'——获得测量结果时的测量次数。

3）规范化常规测量时 A 类标准不确定度评定。规范化常规测量是指已经明确规定了测量程序和测量条件下的测量，如日常按检定规程进行的大量同类被测件的检定，当可以认为对每个同类被测量的实验标准偏差相同时，通过累积的测量数据，计算出自由度充分大的合并标准偏差，以用于评定每次测量结果的 A 类标准不确定度。在规范化的常规测量中，每组测量 n 次，测量 m 组，则合并标准偏差 s_P 为

$$s_P = \sqrt{\frac{\sum_{j=1}^{m}\sum_{i=1}^{n}(x_{ij} - \overline{x}_j)^2}{m(n-1)}} \tag{3-29}$$

对每组测量结果算术平均值的 A 类标准不确定度为

$$u_A(\overline{x}_j) = \frac{s_P}{\sqrt{n}} \tag{3-30}$$

自由度为 $m(n-1)$。

（2）标准不确定度分量的 B 类评定方法　标准不确定度的 B 类评定是借助于一切可利用的有关信息进行科学判断，得到估计的标准偏差。用非统计方法进行评定，用估计的标准偏差表征。标准不确定度的 B 类评定步骤如下：

1）根据有关信息和经验，判断被测量的可能区间（$-a$，a）。

2）假设被测量的概率分布。

3）根据被测量的概率分布和要求的置信水平 P 估计置信因子 k，则 B 类标准不确定度为

$$u_B = a/k \tag{3-31}$$

在 JJF 1059.1—2012 中给出了各种情况下概率分布的估计，包括正态分布、均匀分布、三角分布、反正弦分布、两点分布和投影分布的情况。k 值的确定：

① 已知扩展不确定度是合成标准不确定度的若干倍时，则该倍数（包含因子）就是 k 值。

② 假设概率分布后，根据要求的置信概率查表得到置信因子 k 值。

3. 合成标准不确定度的计算

合成标准不确定度是由各标准不确定度分量合成得到的，无论各标准不确定度分量是由 A 类评定还是 B 类评定得到的，都是标准不确定度。测量结果 y 的合成标准不确定度用符号 $u_c(y)$ 表示。

（1）测量不确定度传播率　当被测量 y 的数学模型为线性模型时，合成标准不确定度可按下式计算：

$$\begin{aligned} u_c^2(y) &= \sum_{i=1}^{n}\sum_{j=1}^{n}\frac{\partial f}{\partial x_i}\cdot\frac{\partial f}{\partial x_j}\cdot u(x_i,x_j) \\ &= \sum_{i=1}^{n}\left[\frac{\partial f}{\partial x_i}\right]^2 u^2(x_i) + 2\sum_{i=1}^{n-1}\sum_{j=i+1}^{n}\frac{\partial f}{\partial x_i}\cdot\frac{\partial f}{\partial x_j}r(x_i,x_j)u(x_i)u(x_j) \end{aligned} \tag{3-32}$$

（2）输入量间不相关时合成标准不确定度的评定　当各输入量间不相关时，即 $r(x_i,x_j)=0$时，上述评定 $u_c(y)$ 公式的简化形式为

$$u_c^2(y) = \sum_{i=1}^{n}\left[\frac{\partial f}{\partial x_i}\right]^2 u^2(x_i) = \sum_{i=1}^{n}c_i^2u_i^2(x_i) = \sum_{i=1}^{n}u_i^2(y) \tag{3-33}$$

其中，$\frac{\partial f}{\partial x_i}$、$\frac{\partial f}{\partial x_j}$表示偏导数，又称灵敏系数，可表示为$c_i$、$c_j$。

设$u_i(y)$是被测量y的标准不确定度分量，则

$$\frac{\partial f}{\partial x_i}u(x_i)=u_i(y) \tag{3-34}$$

当被测量的函数形式为$Y=A_1X_1+A_2X_2+\cdots+A_nX_n$，各输入量间不相关时，合成标准不确定度$u_c(y)$为

$$u_c(y)=\sqrt{\sum_{i=1}^{n}A_i^2u^2(x_i)} \tag{3-35}$$

当被测量的函数形式为$Y=A\ (X_1^{P_1}X_2^{P_2}\cdots X_n^{P_n})$，各输入量间不相关时，合成标准不确定度$u_c(y)$为

$$\frac{u_c(y)}{y}=\sqrt{\sum_{i=1}^{n}[P_iu(x_i)/x_i]^2} \tag{3-36}$$

如果式（3-36）中$P_i=1$，则被测量的测量结果的相对合成标准不确定度是各输入量的相对合成标准不确定度的方和根值：

$$\frac{u_c(y)}{y}=\sqrt{\sum_{i=1}^{n}[u(x_i)/x_i]^2} \tag{3-37}$$

（3）输入量相关系数均为+1时合成标准不确定度的评定　当所有输入量之间都相关，且相关系数为1时，合成标准不确定度$u_c(y)$为

$$u_c(y)=\left|\sum_{i=1}^{n}\frac{\partial f}{\partial x_i}u(x_i)\right| \tag{3-38}$$

当所有输入量之间都相关，且相关系数为+1，灵敏系数为1时，合成标准不确定度$u_c(y)$为

$$u_c(y)=\sum_{i=1}^{n}u(x_i) \tag{3-39}$$

4. 扩展不确定度的确定

扩展不确定度是指确定测量结果的区间的量，合理赋予被测量之值的分布的大部分可望含于此区间。

扩展不确定度是将合成标准不确定度u_c扩展k倍后得到的，即$U=ku_c$。

k与被测量y可能值的分布相关，被测量y可能值的分布有三种情况：①被测量接近于正态分布；②被测量接近于某种非正态分布；③无法判断被测量的分布。

测量结果可表示为$Y=y\pm U$，y是被测量Y的最佳估计值，被测量Y的可能值以较高的包含概率落在$[y-U,y+U]$区间内，即$y-U\leqslant Y\leqslant y+U$，扩展不确定度$U$是该统计包含区间的半宽度。

（1）包含因子k的选取　包含因子k的值根据$U=ku_c$所确定的区间$y\pm U$具有的置信水平来选取。k值一般取2或3。当取其他值时，应说明其来源。

为了使所有给出的测量结果之间能够方便地相互比较，在大多数情况下取$k=2$。

当接近正态分布时，测量值落在由U所给出的统计包含区间内的概率如下：

1）若$k=2$，则由$U=2u_c$所确定的区间具有的包含概率约为95%。

2）若 $k=3$，则由 $U=3u_c$ 所确定的区间具有的包含概率为99%以上。

当给出扩展不确定度 U 时，应注明所取的 k 值。

（2）明确规定包含概率时扩展不确定度 U_P 的评定方法　当要求扩展不确定度所确定的区间具有接近于规定的包含概率 P 时，扩展不确定度用符号 U_P 表示：

$$U_P = k_P u_c \tag{3-40}$$

式中　k_P——包含概率为 P 时的包含因子。

3.2.4　表示不确定度的符号

表示不确定度的常用符号如下：

1）标准不确定度的符号：u。

2）标准不确定度分量的符号：u_i。

3）相对不确定度的符号：u_r。

4）合成标准不确定度的符号：u_c。

5）扩展不确定度的符号：U。

6）相对扩展不确定度的符号：U_r。

7）明确规定包含概率时的扩展不确定度的符号：U_P。

8）包含因子（置信因子）的符号：k。

9）明确规定包含概率时的包含因子的符号：k_P。

10）包含概率（置信水平）的符号：P。

11）自由度的符号：ν。

12）合成标准不确定度的有效自由度的符号：ν_{eff}。

3.3　测量结果的处理和报告

3.3.1　数据修约及有效位数

1. 数据修约

对某一个数字，根据保留数位的要求，将多余位数的数字按照一定规则进行取舍，这一过程称为数据修约。

准确表达测量结果及其测量不确定度必须对有关数据进行修约。

2. 有效数字

用近似值表示一个量的数值时，通常规定“近似值修约误差限的绝对值不超过末位的单位量值的一半”，则该数值从其第一个不是零的数字起到最末一位数的全部数字就称为有效数字。值得注意的是，数字左边的0不是有效数字，数字中间和右边的0是有效数字。

3. 测量不确定度的有效数字位数

最后报告时，不确定度 U 或 $u_c(y)$ 都只能有1～2位有效数字。也就是说，报告的不确定度最多为2位有效数字。不确定度有效位数取1位还是2位，主要取决于修约误差限的绝对值占不确定度的比例大小。

在不确定度计算过程中可以适当保留多余的位数，以避免修约误差带来不确定度。

4. 数字修约规则

数字修约规则可以简捷地记成：“四舍六入，逢五取偶”。将拟修约数值在欲保留数位截断后，若以保留数字的末位为单位，它后面的数大于 0.5 者，末位进一；小于 0.5 者，末位不变；恰为 0.5 者，则视末位的奇偶修约为偶数。

经过修约后的数值，其舍入误差的绝对值≤0.5（末）。

5. 有效位数的确定

测量结果（即被测量的最佳估计值）的末位一般应修约到与其测量不确定度的末位对齐。即同样单位情况下，如果有小数点，则小数点后的位数一样；如果是整数，则末位一致。

例如：$y=6.3250\text{g}$，$u_c=0.25\text{g}$，则被测量估计值应写成 $y=6.32\text{g}$；$y=1039.56\text{mV}$，$U=10\text{mV}$，则被测量估计值应写成 $y=1040\text{mV}$。

3.3.2　测量结果的表示和报告

在报告测量结果的测量不确定度时，应对测量不确定度有充分详细的说明，以便人们能正确利用该测量结果。不确定度的优点是具有可传播性，就是如果第二次测量中使用了第一次测量的测量结果，那么，第一次测量的不确定度可以作为第二次测量的一个不确定度分量。因此要求给出不确定度时具有充分的信息，以便下次测量能够评定出其标准不确定度分量。

测量结果的测量不确定度表示的方法可以为 U 和 k 或者 U_P、k_P和 ν_{eff}两类。

1. 报告测量结果时使用合成标准不确定度的情况

1）基础计量学研究。

2）基本物理常量测量。

3）复现国际单位制单位的国际比对。

4）合成标准不确定度可以表示测量结果的分散性大小，便于测量结果间的比较。

例如铯频率基准、约瑟夫森电压基准等基准所复现的量值，属于基础计量学研究的结果，它们的不确定度使用合成标准不确定度表示。

2. 带有合成标准不确定度的测量结果报告的表示

1）要给出被测量 Y 的估计值 y 及其合成标准不确定度 $u_c(y)$，必要时还应给出其有效自由度 ν_{eff}，需要时可给出相对合成标准不确定度 $u_{\text{crel}}(y)$。

2）测量结果及其合成标准不确定度的报告形式。

3. 带有扩展不确定度的测量结果报告的表示

除上述规定或有关各方约定采用合成标准不确定度外，通常测量结果的不确定度都用扩展不确定度表示。尤其工业、商业及涉及健康和安全方面的测量时，都是报告扩展不确定度。因为扩展不确定度可以表明测量结果所在的一个区间，以及在此区间内的可信程度（用概率表示），它比较符合人们的习惯用法。

（1）给出被测量 Y 的估计值 y 及其扩展不确定度 $U(y)$或 $U_P(y)$

1）对于 U 要给出包含因子 k 值。

2）对于 U_P要在下标中给出置信水平 P 值。例如，$P=0.95$ 时的扩展不确定度可以表示为 U_{95}。必要时还要说明有效自由度 ν_{eff}，即给出获得扩展不确定度的合成标准不确定度的有效自由度，以便由 P 和 ν_{eff}查表得到 k_P值；另一些情况下可以直接说明 k_P值。

3）需要时可给出相对扩展不确定度 $U_{rel}(y)$。

（2）测量结果及其扩展不确定度的报告形式

扩展不确定度的报告有 U 或 U_P两种。

1）当用 U 给出时，表述方式举例如下：

① $m_s = 100.02147\text{g}$，$U = 0.70\text{mg}$，$k = 2$。

② $m_s = (100.02147 \pm 0.00070)\text{g}$，$k = 2$。

2）当用 U_P给出时，表述方式举例如下：

① $m_s = 100.02147\text{g}$，$U_{95} = 0.79\text{mg}$，$\nu_{eff} = 9$。

② $m_s = (100.02147 \pm 0.00079)\text{g}$，$\nu_{eff} = 9$，括号内第二项为 U_{95}之值。

③ $m_s = 100.02147(79)\text{g}$，$\nu_{eff} = 9$，括号内为 U_{95}之值，其末位与测量结果的末位相对齐。

④ $m_s = 100.02147(0.00079)\text{g}$，$\nu_{eff} = 9$，括号内为 U_{95}之值，与前面测量结果有相同测量单位。

3）相对扩展不确定度的表示。相对扩展不确定度 $U_{rel} = U/y$。相对扩展不确定度的报告形式举例如下：

① $m_s = 100.02147\text{g}$；$U_{rel} = 0.70 \times 10^{-6}$，$k = 2$。

② $m_s = 100.02147\text{g}$；$U_{95rel} = 0.79 \times 10^{-6}$。

③ $m_s = 100.02147(1 \pm 0.79 \times 10^{-6})\text{g}$；$P = 95\%$，$\nu_{eff} = 9$，括号内第二项为相对扩展不确定度 U_{95rel}。

3.4 气体流量计测量结果的不确定度评定过程与示例

气体流量计测量结果不确定度的评定方法应当依据 JJF 1059.1—2012《测量不确定度评定与表示》。对于某些计量标准，如果需要，也可以采用 JJF 1059.2—2012《用蒙特卡洛法评定测量不确定度技术规范》。如果相关国际组织已经制定了该计量标准所涉及领域的测量不确定度评定指南，则测量不确定度评定也可以依据这些指南进行。

在进行气体流量计检定和校准结果的测量不确定度的评定时，测量对象应当是常规的被测对象，测量条件应当是在满足计量检定规程或计量技术规范前提下至少应当达到的临界条件。在《计量标准技术报告》的“检定或校准结果的不确定度评定”一栏中，既可以给出测量不确定度评定的详细过程，也可以给出测量不确定度评定的简要过程。在给出测量不确定度评定的简要过程时，还应当单独给出描述测量不确定度评定详细过程的《检定或校准结果的不确定度评定报告》。测量不确定度评定的简要过程应当包括对被测量的简要描述、测量模型、不确定度分量的汇总表（包括各分量的尽可能多的信息）、被测量分布的判定和包含因子的确定、合成标准不确定度的计算，以及最终给出的扩展不确定度。

如果测量范围内不同测量点的不确定度不相同时，原则上应当给出每一个测量点的不确定度，也可以用下列两种方式之一来表示：

1）如果测量不确定度可以表示为被测量 y 的函数，则用计算公式表示测量不确定度。

2）在整个测量范围内，分段给出其测量不确定度（以每一分段中的最大测量不确定度表示)。

无论采用何种方式来评定检定和校准结果的测量不确定度，均应当具体给出典型值的测量不确定度评定过程。如果对于不同的测量点，其不确定度来源和测量模型相差甚大，则应当分别给出它们的不确定度评定过程。

视包含因子 k 取值方式的不同，最后给出检定和校准结果的测量不确定度应当采用下述两种方式之一表示。

1. 扩展不确定度 U

当包含因子的数值不是由规定的包含概率 P 并根据被测量 y 的分布计算得到，而是直接取定时，扩展不确定度应当用 U 表示，同时给出所取包含因子 k 的数值。一般均取 $k=2$，这包括下列两种情况：一种是无法判断被测量 y 的分布时；另一种是可以估计被测量 y 接近于正态分布并且其有效自由度足够大时。

在能估计被测量 y 接近于正态分布，并且能确保其有效自由度足够大而直接取 $k=2$ 时，还可以进一步说明："由于估计被测量接近于正态分布，并且其有效自由度足够大，故所给的扩展不确定度 U 所对应的包含概率约为95%"。

2. 扩展不确定度 U_P

当包含因子的数值是由规定的包含概率 P 并根据被测量 y 的分布计算得到时，扩展不确定度应当用 U_P 表示。当规定的包含概率 P 分别为95%和99%时，扩展不确定度分别用 U_{95} 和 U_{99} 表示。包含概率 P 通常取95%，当采用非95%的包含概率时应当注明其所依据的技术文件。

在给出扩展不确定度 U_P 的同时，应当注明所取包含因子 k_P 的数值以及被测量的分布类型。若被测量接近于正态分布，还应当给出其有效自由度 ν_{eff}。

以下用实验室中某一气体流量计测量结果的不确定度评定过程作为示例。

3.4.1 建模及列出传播率公式

检定介质为空气。涡轮流量计仪表系数 K 的计算公式为

$$K=\frac{N}{V_1} \tag{3-41}$$

式中 N——被检流量计在检定时间内发出的累积脉冲数；

V_1——检定时流过被检流量计的实际体积（m^3）。

将 $V_1=q_V t$ 代入式（3-41）得

$$K=\frac{N}{q_V t} \tag{3-42}$$

不确定度传播率为

$$u_{\mathrm{cr}}^2(K)=c_{\mathrm{r}}^2(q_V)u_{\mathrm{r}}^2(q_V)+c_{\mathrm{r}}^2(N)u_{\mathrm{r}}^2(N)+c_{\mathrm{r}}^2(t)u_{\mathrm{r}}^2(t)+c_{\mathrm{r}}^2(E_{\mathrm{r}})u_{\mathrm{r}}^2(E_{\mathrm{r}}) \tag{3-43}$$

3.4.2 标准不确定度的来源及评定

用标准表法气体流量标准装置（见表3-4）对一台脉冲输出的涡轮流量计进行检定，介质温度为20℃，每个流量点测量6次，以6次示值误差的平均值作为该点的示值误差，重复性用贝塞尔公式计算。

表 3-4　标准表法气体流量标准装置各流量点测量结果

流量/(m^3/h)	示值误差（%）	重复性（%）
650	0.07	0.0257
260	-0.06	0.0214
130	-0.17	0.0819
32	-1.07	0.2956

1. 标准装置的不确定度 $u_r(q_V)$

检定证书给出标准表法气体流量标准装置的扩展不确定度为 $U_{rel}(q_V)=0.32\%(k=2)$，则其标准不确定度及相对灵敏系数分别为

$$u_r(q_V)=0.32\%/2=0.16\%$$

$$c_r(q_V)=\frac{q_V}{K}\frac{\partial K}{\partial q_V}=-1$$

2. 标准装置脉冲计数的不确定度 $u_r(N)$

脉冲计数误差为 ±1 个脉冲。一般情况下，一次检定的累积脉冲数不少于 2000 个，即脉冲计数的误差不大于 0.05%。按矩形分布考虑，其标准不确定度及相对灵敏系数分别为

$$u_r(N)=\frac{0.05\%}{\sqrt{3}}=0.029\%$$

$$c_r(N)=\frac{N}{K}\frac{\partial K}{\partial N}=1$$

3. 时间测量的不确定度 $u_r(t)$

计时器校准证书的扩展不确定度为 $U=2.4\times10^{-6}\text{s}(k=2)$，一次检定最短测量时间为 30s，则 $U_r(t)=\frac{2.4\times10^{-6}\text{s}}{2\times30\text{s}}\times100\%=0.000004\%$。按矩形分布考虑，其标准不确定度及相对灵敏系数分别为

$$u_r(t)=\frac{0.000004\%}{\sqrt{3}}=0.000002\%$$

$$c_r(t)=\frac{t}{K}\frac{\partial K}{\partial t}=-1$$

4. 重复性的不确定度 $u_r(E_r)$

检定记录给出被检流量计各点的重复性，则

650m^3/h：$u_r(E_r)=\frac{0.0257\%}{\sqrt{3}}=0.0148\%$　　$c_r(E_r)=1$

260m^3/h：$u_r(E_r)=\frac{0.0214\%}{\sqrt{3}}=0.0124\%$　　$c_r(E_r)=1$

130m^3/h：$u_r(E_r)=\frac{0.0819\%}{\sqrt{3}}=0.0473\%$　　$c_r(E_r)=1$

32m^3/h：$u_r(E_r)=\frac{0.2956\%}{\sqrt{3}}=0.1707\%$　　$c_r(E_r)=1$

取最大值 32m^3/h：$u_r(E_r)=\frac{0.2956\%}{\sqrt{3}}=0.1707\%$　　$c_r(E_r)=1$

5. 合成标准不确定度

以上各项标准不确定度分量互不相关，则合成标准不确定度为

$$u_{cr}(K)=\sqrt{c_r^2(q_V)u_r^2(q_V)+c_r^2(N)u_r^2(N)+c_r^2(t)u_r^2(t)+c_r^2(E_r)u_r^2(E_r)}$$

标准表法气体流量标准装置所引入不确定度的汇总见表 3-5。

表 3-5　标准表法气体流量标准装置所引入不确定度的汇总

序号	符号	不确定度来源	输入不确定度（%）	分布	包含因子	标准不确定度 $u_r(x_i)$（%）	灵敏系数 c_{ri}	$\lvert c_{ri}\rvert u_r(x_i)$（%）
1	$u_r(q_V)$	标准装置	0.32	正态	2	0.16	−1	0.16
2	$u_r(N)$	脉冲计数	0.05	矩形	$\sqrt{3}$	0.029	1	0.029
3	$u_r(t)$	时间测量	2.4×10^{-6}s（$k=2$）	矩形	$\sqrt{3}$	0.000002	−1	0.000002
4	$u_r(E_r)$	重复性	—	—	—	0.1707	1	0.1707

6. 扩展不确定度

取 $k=2$，则扩展不确定度为 $U_r=k\,u_{cr}(K)$，见表 3-6。

表 3-6　标准表法气体流量标准装置的扩展不确定度

装置名称	标准不确定度 $u_{cr}(K)$	扩展不确定度 $U_r(k=2)$
标准表法气体流量标准装置	0.236%	0.48%

7. 不确定度报告

标准表法气体流量标准装置：

被检涡轮流量计的示值误差：$q_t\leqslant q\leqslant q_{max}$示值误差为 −0.17%；

$q_{min}\leqslant q<q_t$示值误差为 −1.07%。

其最大扩展不确定度 $U_r=0.48\%$，$k=2$。

第4章　燃气流量计量的量传

4

量值传递与量值溯源都是确保“实现量值准确可靠”计量立法宗旨的手段。JJF 1001—2011《通用计量术语及定义》中，量值传递是指“通过对测量仪器的校准或检定，将国家测量标准所实现的单位量值通过各等级的测量标准传递到工作测量仪器的活动，以保证测量所得的量值准确一致。”量值传递的依据为国家计量检定系统表、检定规程等。量值溯源是量值传递的逆过程，所谓“计量溯源性”，在 JJF 1001—2011 中是指“通过文件规定的不间断的校准链，测量结果与参照对象联系起来的特性，校准链中的每项校准均会引入测量不确定度。”量值溯源的依据为量值溯源等级图、校准规范等。燃气流量计量因受被测介质的压力、温度、压缩性和热膨胀性等影响较大，所以其量值溯源更加烦琐。

量值传递是按照计量检定系统将计量基准所复现的量值科学、合理、经济、有效地逐级传递下去，以确保全国计量器具的量值在一定允差范围内有可比性，准确一致。量值溯源是通过不间断的比较链，使测量结果能够与国家或国际标准相联系起来。两者从本质上来说没有多大差别，但从术语含义上来看，存在以下三方面的区别：

首先，量值传递强调从国家基准或更高标准向下传递；量值溯源则强调从下至上寻求更高的测量标准，追溯求源直至国家或国际基准。两者互为逆过程，前者体现强制性，后者体现自发性。量值传递是我国法制计量管理的重点内容之一，实施时必须做到以下六个方面：

1）量值传递必须依据国家计量检定系统表。

2）计量检定必须按照检定系统表和计量检定规程进行。

3）计量检定人员必须经计量考核合格，取得计量检定员证书。

4）计量检定环境条件必须符合检定规程要求。

5）计量标准必须经计量考核合格，取得计量标准证书。

6）计量检定机构必须依法设立或授权的计量技术机构。

其次，量值传递有严格的等级，我国的计量器具实行三级传递，从国家计量基准器具传递到计量标准器具，再传递给工作计量器具，从而保证量值的准确统一和一致；量值溯源不按严格的等级，用户根据自身需要，可逐级溯源，也可越级溯源。

最后，两者的传递方式不一样。在量值传递中强调通过对计量器具的检定或校准，而在量值溯源的方法中采用连续不间断的比较链，而比较链并没特别指出哪种方式，实际上是承认多种方式。

4.1　国家计量检定系统表

国家计量检定系统表是国家对计量基准到各等级的计量标准直至工作计量器具的检定程序所做的技术规定。《中华人民共和国计量法》中第十条明确规定：“计量检定必须按照国家计量检定系统表进行。国家计量检定系统表由国务院计量行政部门制定。”

国家计量检定系统表由文字和框图构成，内容包括：基准、各等级计量标准、工作计量器具的名称、测量范围、准确度（或不确定度或允许误差）和检定的方法等。制定检定系统的根本目的是保证工作计量器具具备应有的准确度。在此基础上，考虑量值传递的合理性。即制定检定系统时，各等级计量标准的准确度要求，必须从工作计量器具的准确度要求开始，由下向上地逐级确定。检定系统基本上是按各类计量器具（如量块、线纹尺等）分别制定的。在我国，每项国家计量基准对应一种检定系统。气体流量计量检定主要执行 JJG 2064—2017《气体流量计量器具检定系统表》。该标准适用于测量封闭管道内气体流量计量器具的量值传递关系，包括从基本量及导出量到气体流量计量基准器具、气体流量计量标准器具、气体流量工作计量器具之间的量值传递关系、量值传递方法和量值传递时的测量能力。

气体流量计量器具检定系统框图如图 4-1 所示。

4.2　量值溯源等级图

量值溯源等级图也称为量值溯源体系表，它是表明测量仪器的计量特性与给定量的计量基准之间关系的一种代表等级顺序的框图。它对给定量及其测量仪器所用的比较链进行量化说明，以此作为量值溯源性的证据。

量值溯源等级图是对给定量或给定型号计量器具所用的比较链的一种说明，用以表明计量器具的计量特性与给定量的基准之间的关系，以此作为其溯源性的证据。我国量值溯源等级图有国家计量检定系统表（也称“国家溯源等级图”）和各单位自编量值溯源等级图。

建立计量标准的单位可以参考国家计量检定系统表，并依据 JJF 1104—2003《国家计量检定系统表编写规则》和 JJF 1033—2016《计量标准考核规范》中的式样要求来编制本单位计量标准的量值溯源和传递框图，应具备所建计量标准溯源到上一级和量传到下一级计量器具的量值传递框图。

本单位计量标准的量值溯源和传递框图应包括“三级”和“三要素”。“三级”是指上级计量标准、本级计量标准/器具和下级计量器具。“三要素”是指每级计量标准/器具都要有三个及以上方面的内容：

1）上级计量标准的计量基（标）准名称、不确定度或准确度等级或最大允许误差以及该计量基（标）准的保存机构（即拥有单位）等。

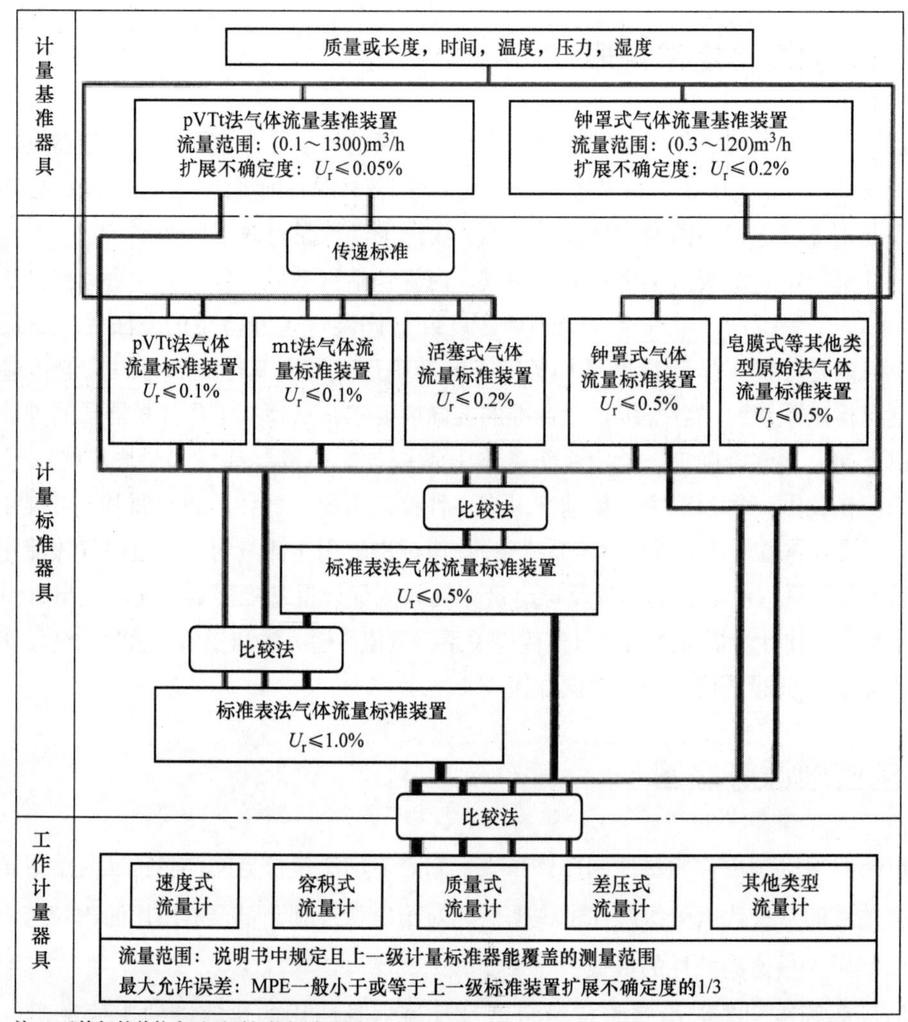

注：1.天然气等其他介质需要气体组分的测量。
2.框图中扩展不确定度的包含因子 k=2。
3.▁ 溯源至基本量；▁ 溯源至基准装置；▁ 溯源至原始法标准装置；▇ 溯源至标准表法标准装置。
4.计量器具可能会有新的产品或不同的名称，在检定系统表中不可能全部列出。对未列入检定系统表的工作计量器具，必要时可根据其被测量、测量范围和工作原理，参考相应检定系统表中列出的计量器具的测量范围和工作原理，确定适合的量值传递途径。

图4-1　气体流量计量器具检定系统框图

2）本级计量标准/器具的计量标准/器具名称、不确定度或准确度等级或最大允许误差以及测量范围。

3）下级计量器具的计量器具名称、不确定度或准确度等级或最大允许误差以及测量范围。

图4-2中的“比较方法和手段”，通常是指进行测量时所用的按类别叙述的一组操作逻辑次序，如替代法、微差法、零位法、比较测量法、直接测量法、间接测量法和组合测量法，一般按照相应计量检定规程中规定的方法来填写；有时也可从直接测量法、间接测量法和比较测量法中按照实际情况选其中一种填上。

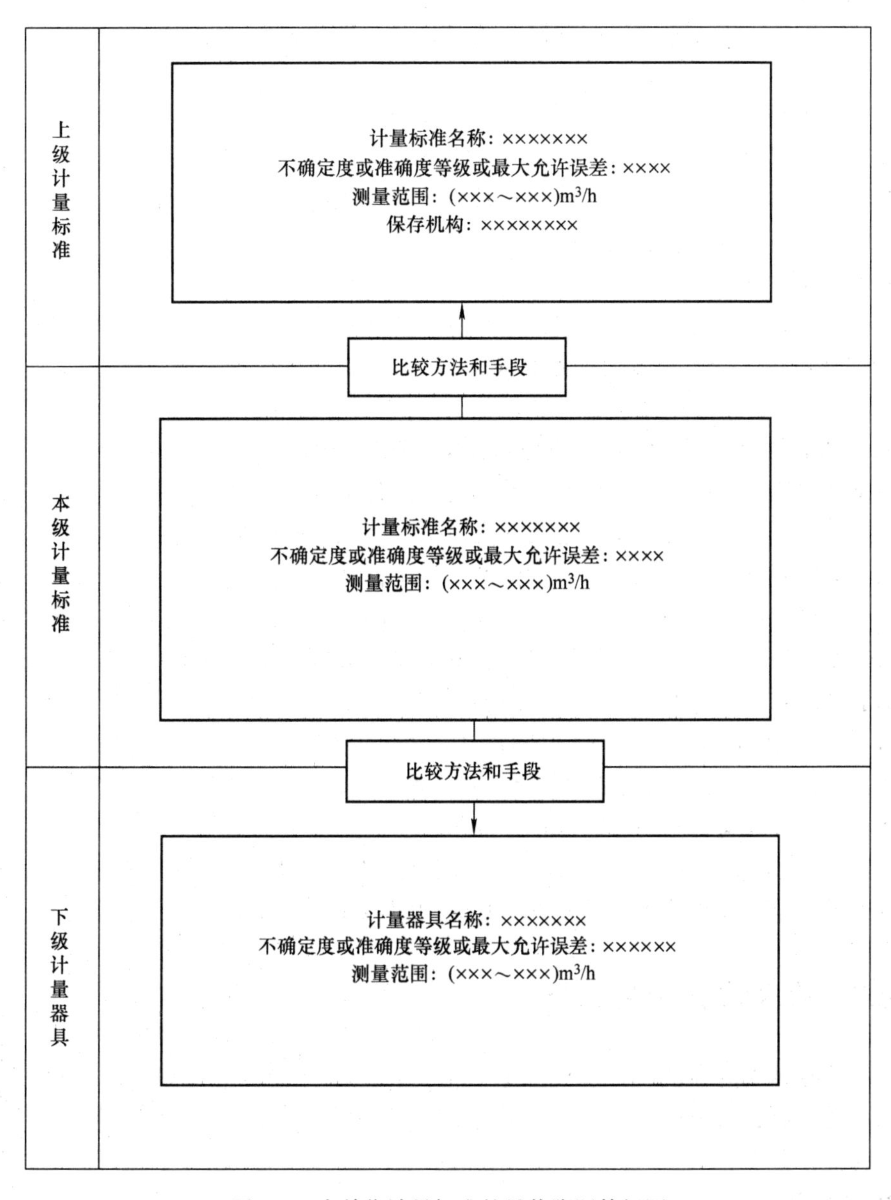

图 4-2　本单位计量标准的量值溯源等级图

4.3　有效溯源

计量标准应当有效溯源。有效溯源的含义如下：

1. 有效的溯源机构

计量标准器应当向经法定计量检定机构或县级以上政府计量行政部门授权的计量技术机构建立的社会公用计量标准通过检定合格或校准来保证其溯源性；主要配套设备应当经具有相应测量能力的计量技术机构的检定合格或校准来保证其溯源性。

2. 检定溯源要求

凡是有计量检定规程的计量标准器及主要配套设备，应当以检定的方式溯源，不能以校准方式溯源。

3. 校准溯源要求

没有计量检定规程的计量标准器及主要配套设备，应当依据国家计量校准规范进行校准；如无国家计量校准规范，可以依据有效的校准方法进行校准。校准的项目和主要技术指标应当满足其开展检定或校准工作的需要。

4. 采用比对的规定

只有当不能以检定或校准方式溯源时，才可以采用比对方式，确保计量标准量值的一致性。

5. 计量标准中的标准物质的溯源要求

要求使用处于有效期内的有证标准物质。

6. 对溯源到国际计量组织或其他国家具备相应能力的计量标准的规定

当国家计量基准和社会公用计量标准不能满足计量标准器及主要配套设备量值溯源需要时，应当按照有关规定向国家质检总局提出申请，经国家质检总局同意后方可溯源到国际计量组织或其他国家具备相应能力的计量标准。计量标准的量值溯源和传递框图是表示计量标准溯源到上一级计量器具和传递到下一级计量器具的框图，计量标准的量值溯源和传递框图应当依据国家计量检定系统表来画，但是它与国家计量检定系统表不一样，它只要求画出三级，不要求溯源到计量基准，也不一定传递到工作计量器具。

1）计量标准的量值溯源和传递框图包括三级三要素。

2）计量标准的量值应当定期溯源至计量基准或社会公用计量标准；计量标准器及主要配套设备均应有连续、有效的检定或校准证书。

3）计量标准应当定期溯源。检定周期不超过计量检定规程规定的周期，计量校准复校间隔执行国家计量校准规范规定的建议复校时间间隔或由校准机构给出复校时间间隔。

4.4 检测结果的验证与比对

检定和校准结果的验证，一般应当通过更高一级的计量标准，采用传递比较法进行验证。如无适合的更高一级计量标准时，也可以通过具有相同准确度等级的建标单位之间的比对实验来验证合理性。

1. 传递比较法

用被考核的计量标准检测一稳定的被测对象，然后将该被测对象用另一高级的计量标准进行测量。

1）若用被考核计量标准和高一级计量标准进行测量时的扩展不确定度（U_{95}或$k=2$）分别为U_{lab}和U_{rel}，测量结果分别为y_{lab}和y_{rel}，则在两者的包含因子近似相等的前提条件下，应满足：

$$|y_{\mathrm{lab}}-y_{\mathrm{rel}}|=\sqrt{U_{\mathrm{lab}}^2+U_{\mathrm{rel}}^2} \tag{4-1}$$

2）有些计量标准检定规程规定其扩展不确定度对应于99%的包含概率。此时所给出的扩展不确定度所对应的k值与2相差较大。

3）判定时应当先将其换算到对应于$k=2$时的扩展不确定度。由于换算后的扩展不确定度会变小，其判定标准将比不换算时更加严格。

2. 比对法

如果不可能采用传递比较法时，可采用多个建标单位之间的比对。假定各建标单位的计量标准具有相同准确度等级，采用各建标单位所得到的测量结果的平均值，作为被测量的最佳估计值。

当各建标单位的测量不确定度不相同时，原则上采用加权平均值作为被测量的最佳估计值。考虑到各建标单位在评定测量不确定度时，所掌握的尺度不可能完全相同，所以采用算术平均值作为参考值。

被考核的建标单位的测量结果为 y_{lab}，其测量不确定度为 U_{lab}。若被考核建标单位测量结果的方差比较接近于各建标单位的平方差，以及各建标单位的包含因子均相同的条件下，应满足：

$$|y_{\mathrm{lab}} - \overline{y}| = \sqrt{\frac{n-1}{n}}U_{\mathrm{lab}} \tag{4-2}$$

传递比较法是有溯源性的，比对法并不具有溯源性，因此检定和校准结果的验证原则上应当采用传递比较法，只有在条件不满足的情况下，才允许使用比对法进行检定和校准结果的验证，若采用此方法，则参加比对的建标单位应当尽可能得多。

第5章　计量标准装置

5

JJF 1001—2011《通用计量术语及定义》是我国计量术语方面的技术规范文件，其中明确定义：计量是指“实现单位统一、量值准确可靠的活动”；而测量是指“通过实验获得并可合理赋予某量一个或多个量值的过程”。计量属于测量，源于测量，而又严于一般测量，是测量的一种特定形式，是以实现单位统一、量值准确可靠为目的测量，它对整个测量领域起到监督、保证和仲裁作用。

JJF 1001—2011《通用计量术语及定义》对测量标准定义为：“具有确定的量值和相关联的测量不确定度，实现给定量定义的参照对象。”部分场合使用“计量”还是“测量”并无严格区分的必要，只有是否更合习惯的差别，在燃气流量计量这一民生计量领域，我们通常称之为“计量标准”，显然其比“测量标准”更通顺，意义更为明确。但使用“测量标准”也不会引起误会。

在我国，测量标准按其用途分为计量基准和计量标准。测量标准经常作为参照对象用于为其他同类量确定量值及其测量不确定度。通过其他测量标准、测量仪器或测量系统对其进行校准，确立其计量溯源性。

5.1　测量标准及分类

5.1.1　测量标准的含义

研制、建立测量标准的目的是定义、实现、保存或复现给定量的单位或一个或多个量值；在测量领域里作为计量基准或计量标准使用，而不是作为工作计量器具使用；测量标准必须具有确定的量值和相关联的测量不确定度。

给定量的定义可通过测量系统、实物量具或有证标准物质实现。测量标准是有一定形态的实体，而不是文本标准。

几个同类量或不同类量可由一个装置实现，该装置通常也称测量标准。

测量标准的标准测量不确定度是用该测量标准获得的测量结果的合成标准不确定度的一个分量（不确定度来源）。测量结果的量值及其测量不确定度必须在测量标准使用的当时确定。

5.1.2　测量标准的分类

测量标准按照级别、地位、性质、作用和用途不同，有多种分类方式。按照国际上的通用分类方式和 JJF 1001—2011《通用计量术语及定义》的规定，测量标准可分为国际测量标准、国家［测量］标准、原级［测量］标准、次级［测量］标准、参考［测量］标准、工作［测量］标准、搬运式［测量］标准、传递［测量］装置、参考物质等。

根据量值传递的需要，我国将测量标准分为计量基准、计量标准和标准物质三类。计量基准分为基准和副基准；计量标准分为最高等级计量标准（简称最高计量标准）和其他等级计量标准（简称次级计量标准）。

《中华人民共和国计量法》中阐明了最高计量标准的法律地位及其作用，并规定社会公用计量标准、部门和企事业单位的最高计量标准为强制检定的计量标准。

5.2　气体流量标准装置

随着天然气工业及城镇燃气行业的飞速发展，用于贸易计量的天然气流量仪表日益增多，世界各国尤其是欧美国家都相继建成了具有较高准确度水平的气体流量标准装置，并建立了相应的气体流量量值溯源体系或传递系统。我国在气体流量标准装置方面也逐渐与国际接轨，并逐步建立起自己的各级气体流量标准装置，完善了国内气体流量计量的量值溯源和传递体系，基本上可以满足国内高准确度的气体流量量值的溯源需求。

从气体流量计量器具检定系统框图（图4-1）可以看出，气体流量标准装置的建立就是为了检定、校准那些人们现实生活中使用的各类型气体流量计准确与否，保证国家在气体流量计量方面的量值统一。气体流量计只是气体流量量值传递的载体，气体流量基准装置才是其流量量值的源头。

气体流量和长度、质量、时间等基本量不同，它是一个导出量，故气体流量标准装置没有基准，只有原级标准和次级标准。原级标准是流量计装置可能达到的最高准确度，在国外也称一次标准，如 mt 法气体流量标准装置、钟罩式气体流量标准装置、pVTt 法气体流量标准装置、活塞式气体流量标准装置等。原级标准是依据容积或质量和时间等最为原始的度量依据而测得的体积流量和质量流量。

次级标准装置一般是通过原级标准装置的量值传递、具有良好的重复性和稳定性的标准流量计，如标准表法气体流量标准装置。标准表法气体流量标准装置是检定气体流量计的常用装置，常用的标准表主要有临界流喷嘴、涡轮流量计、腰轮流量计等。次级标准是通过原级标准把量值传递给一台或多台流量计，作为原级标准和工作流量计之间的中间环节。

5.3　国外气体流量标准装置简介

德国联邦物理技术研究院（简称 PTB）建有一套 1000L 钟罩式气体流量标准装置（图5-1），其流量范围为 $1m^3/h \sim 60m^3/h$，扩展不确定度 $U_{rel}=0.06\%$（$k=2$），密封介质为油，采用几何尺寸法进行检定，溯源到长度基准。

PTB 还建立了两套标准表法气体流量标准装置，其中一套的标准表为临界流喷嘴，另一套的标准表为气体涡轮流量计。临界流喷嘴标准表法气体流量标准装置的流量范围为 $1m^3/h \sim 5600m^3/h$，扩展不确定度 $U_{rel}=0.08\%$（$k=2$）；气体涡轮流量计标准表法气体流量标准装置的流量范围为 $200m^3/h \sim 16000m^3/h$，扩展不确定度为 $U_{rel}=0.12\%$（$k=2$）。

荷兰国家计量研究院（简称 NMI）建有一套 1000L 钟罩式气体流量标准装置，其流量

范围为 $1m^3/h \sim 65m^3/h$，扩展不确定度 $U_{rel}=0.05\%$ ($k=2$)，密封介质为油，采用气排油的方法，用高精度电子天平来称油的质量，直接溯源到质量基准，该装置可以对速度式气体流量计和容积式气体流量计进行检定。NMI 还建立了一套以气体涡轮流量计为标准表的气体流量标准装置，该装置的流量范围为 $1m^3/h \sim 12000m^3/h$，扩展不确定度 $U_{rel}=0.12\%$ ($k=2$)。

美国国家标准与技术研究院（简称 NIST）建有一套 1000L 钟罩式气体流量标准装置，其流量范围为 $0.966m^3/h \sim 86.4m^3/h$，扩展不确定度 $U_{rel}=0.17\%$ ($k=2$)，密封介质为油，用几何尺寸法进行检定，直接溯源到长度基准。

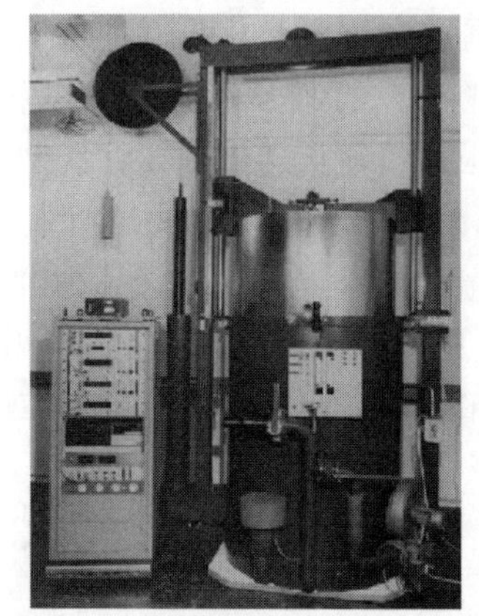

图 5-1　德国 PTB 1000L 钟罩式气体流量标准装置

5.4　国内气体流量标准装置简介

我国于 1980 年在上海建立首套钟罩式气体流量标准装置，其有效容积为 10000L，流量范围为 $2m^3/h \sim 1800m^3/h$，扩展不确定度 $U_{rel}=0.20\%$ ($k=2$)，钟罩内压为 10kPa。该装置因没有相应的控制系统，其检定效率低。直至 1985 年，中国计量科学研究院建立了一套 pVTt 法气体流量标准装置，其流量范围为 $0.016m^3/h \sim 1200m^3/h$，扩展不确定度 $U_{rel}=0.05\%$ ($k=2$)，装置容积为 $20m^3$。随后，2006 年中国计量科学研究院建立了一套 1000L 钟罩式气体流量标准装置，其流量范围为 $1m^3/h \sim 60m^3/h$，扩展不确定度 $U_{rel}=0.10\%$ ($k=2$)。

2008 年，上海工业自动化仪表研究院也建立了一套声速喷嘴和标准表并联的气体流量标准装置，该装置的流量范围为 $1m^3/h \sim 7500m^3/h$，扩展不确定度 $U_{rel}=0.25\%$ ($k=2$)。当流量小于 $4000m^3/h$ 时，装置选用临界流喷嘴标准表法气体流量标准装置；当流量大于 $4000m^3/h$ 时，装置可同时运行 3 台气体涡轮流量计作为标准表使用。

目前，中国计量科学研究院再次完善了我国的气体流量基准装置，新建一套由 pVTt 法气体流量基准装置、声速喷嘴法次级标准装置和环道式涡轮流量计法工作标准装置三部分组成的气体流量传递体系，该系统具备最大压力 2.5MPa 以下、最大流量 $1600m^3/h$ 以内的测量能力。pVTt 法气体流量基准装置的最大流量为 $40m^3/h$，扩展不确定度 $U_{rel}=0.08\%$ ($k=2$)；声速喷嘴法次级标准装置以 16 支声速喷嘴为标准表，可将流量扩展到 $400m^3/h$，装置的扩展不确定度 $U_{rel}=0.14\%$ ($k=2$)；环道式涡轮流量计法工作标准装置以 4 台 DN100 的涡轮流量计为标准表，在最大压力 2.5MPa 下，可将流量扩展至 $1600m^3/h$，装置的扩展不确定度 $U_{rel}=0.20\%$ ($k=2$)。

第6章 燃气流量计量标准的建立

6

在 JJF 1001—2011 中，测量标准是指“具有确定的量值和相关联的测量不确定度，实现给定量定义的参照对象”。测量标准定义中的所谓“参照对象”，主要是指定义、实现、保存或复现量的单位或一个或多个量值，用作参考的实物量具、测量仪器、参考物质或测量系统，气体流量标准装置就属于测量系统范畴。

而人们习惯上使用的“计量标准”，它其实是指 JJF 1001—2011 中的“参考测量标准”，其定义为“在给定组织或给定地区内指定用于校准或检定同类量其他测量标准的标准”。计量标准是我国法制计量管理的重中之重，也是确保我国国内计量“单位统一”“量值准确可靠”计量立法宗旨得以实现的保障。

6.1 主要建标原则

目前，国内计量标准建立的原则为依法建立和按需建立。

1. 依法建立

计量标准通常处于国家量值传递和溯源体系的中间环节，在从国家基准至现场工作计量器具的溯源链中起到承上启下的作用。它将国家基准所复现的单位量值，通过计量检定传递到现场工作计量器具，从而保证了全国量值的准确可靠和统一。

计量标准的建立，在《中华人民共和国计量法》中有严格的规定：县以上地方计量行政部门建立的计量标准，作为统一本地区量值的依据；经地方计量行政部门批准，在社会上起公正作用的计量标准称为“社会公用计量标准”，在一定范围内作为统一量值的依据；部门和企事业单位建立的计量标准，作为统一本部门、本单位量值的依据，并限定在本部门、本单位内使用。

2. 按需建立

各级政府所属计量机构的社会公用计量标准及各部门的部门最高计量标准都要根据实际需要来建立。企业计量标准的建立，则应从本单位科研、生产、经营的实际需要出发，既要考虑社会效益，也要考虑经济效益，应更多从市场角度出发，以免造成资源浪费。

计量标准的建立，首先一定要做好充分的可行性分析，只选建与本单位科研、生产、经营密切相关，且拟传递的工作测量设备量大而广的计量标准，其他量小的工作测量设备可通过外送检定/校准方式或委外协作解决；其次，对于要建立的计量标准的准确度等级，不应盲目追高，做到适当留有余量即可；然后综合比选与主标准器相适应的其他相关配套设备；最后应重点考虑建标所需满足的环境条件，诸如恒温恒湿、防尘防振、防电磁干扰等，环境条件达不到考核要求，计量标准也会因此而达不到原有的技术指标要求，最终导致无法正常使用。计量标准建立前期的工作流程图如图 6-1 所示。

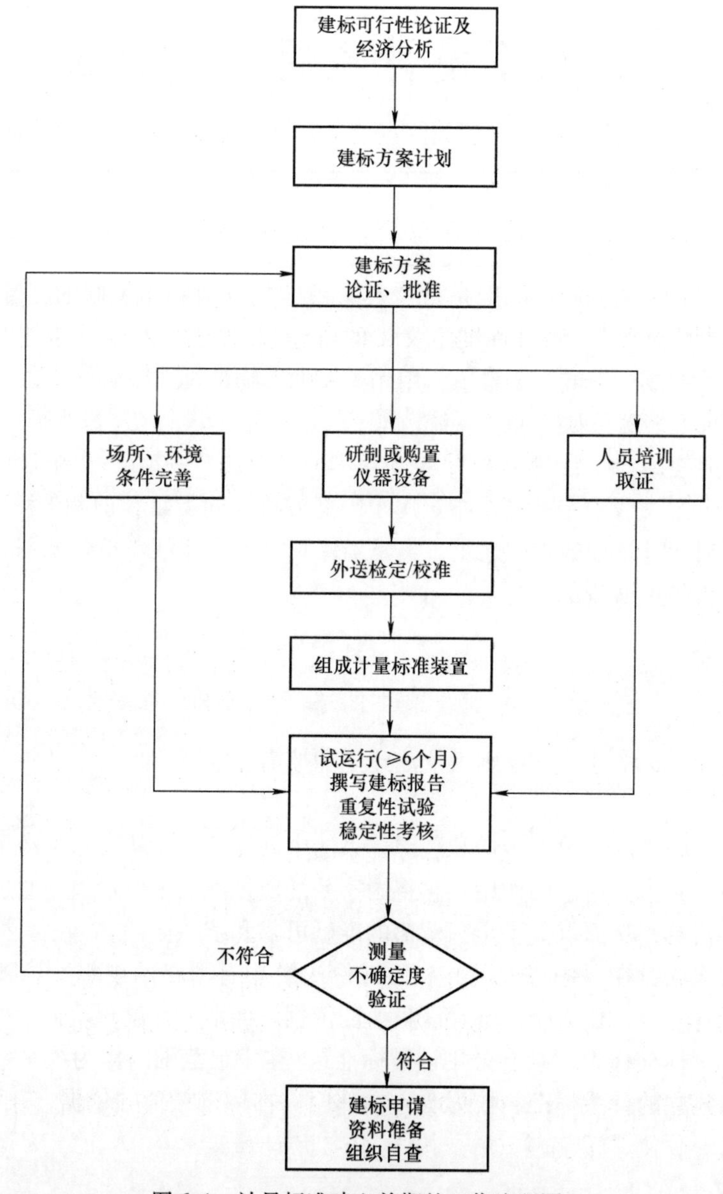

图 6-1　计量标准建立前期的工作流程图

6.2　主要建标考核

计量标准考核是指国家市场监督管理总局及地方各级市场监督部门对计量标准测量能力的评定和开展量值传递资格的确认。计量标准的考核要求是判断计量标准合格与否的准则，它既是建标单位建立计量标准的要求，也是计量标准的考评内容。计量标准的考核要求包括计量标准器及配套设备、计量标准的主要计量特性、环境条件及设施、人员、文件集以及计量标准测量能力的确认等 6 个方面共 30 项内容。本章主要针对燃气流量计量建标过程中的计量标准的主要计量特性进行介绍。JJF 1033—2016《计量标准考核规范》对计量标准的以下几个方面的计量特性提出了相应的要求：

6.2.1　计量标准的测量范围

计量标准的测量范围应用该计量标准所复现的量值或量值范围来表示；对于可测量多种参数的计量标准，应当分别给出每种参数测量范围；计量标准所给出的量值或测量范围应能满足所开展检定或校准工作的需要。

6.2.2　计量标准的不确定度或准确度等级或最大允许误差

根据计量标准的不确定度或准确度等级或最大允许误差的不同情况，按其专业规定或同行的约定俗成可以用不确定度或准确度等级或最大允许误差进行表述。对于可测量多参数的计量标准，应当分别给出每种参数的不确定度或准确度等级或最大允许误差。

对于气体流量标准装置类的计量标准，通常以计量标准的不确定度来描述，此处所指的“计量标准的不确定度”是指计量标准所复现的标准量值的不确定度，或者说是在测量结果中由计量标准所引入的不确定度分量。该值给出了适用于在测量中采用计量标准值或加修正值使用的情况。

6.2.3　计量标准的重复性

JJF 1033—2016《计量标准考核规范》中规定，计量标准的重复性是建标单位必须提供的主要技术指标之一。它是指在相同测量条件下，重复测量同一个被测量，计量标准提供相近示值的能力。

计量标准的重复性之所以是计量标准的一个主要计量特性，是因为对于大多数的测量来说，测量结果的重复性往往都是测量结果的一个重要的不确定度来源。计量标准的重复性规定用测量结果的分散性来定量地表示，即用单次测量结果 y_i 的实验标准差 $s(y_i)$ 来表示。计量标准的重复性通常是检定或校准结果的一个不确定度来源。

新建计量标准应当进行重复性试验，并提供试验的数据；已建计量标准，至少每年进行一次重复性试验，测得的重复性应满足检定或校准结果的测量不确定度要求。计量标准的重复性试验按照 JJF 1033—2016《计量标准考核规范》中附录 C.1 的要求进行。

1. 试验方法

在重复性测量条件下，用计量标准对被测对象进行 n 次独立重复测量，若得到的测得值为 $y_i(i=1,2,\cdots,n)$，则其重复性 $s(y_i)$ 按式（6-1）计算：

$$s(y_i)=\sqrt{\frac{\sum_{i=1}^{n}(y_i-\overline{y})^2}{n-1}} \tag{6-1}$$

式中　y——n 个测得值的算术平均值；

　　n——重复测量次数，n 应当尽可能大，一般应当不少于 10 次。

如果检定或校准结果的重复性引入的不确定度分量在检定或校准结果的不确定度中不是主要分量，允许适当减少重复测量次数，但至少应当满足 $n\geqslant6$。对于常规的计量检定或校准，当无法满足 $n\geqslant10$ 时，为了使得到的实验标准差更可靠，可以采用合并样本标准差表示检定或校准结果的重复性，合并样本标准差 $\hat{s}_p$ 按式（6-2）计算：

$$s_{\mathrm{p}} = \sqrt{\frac{\sum_{j=1}^{m}\sum_{k=1}^{n}(y_{kj} - \overline{y}_j)^2}{m(n-1)}} \tag{6-2}$$

式中　m——测量的组数；

n——每组包含的测量次数；

y_{kj}——第 j 组中第 k 次的测得值；

$\overline{y}_j$——第 j 组测得值的算术平均值。

2. 对重复性的要求

对于新建计量标准，检定或校准结果的重复性应当直接作为一个不确定度来源用于检定或校准结果的不确定度评定中。对于已建计量标准，如果测得的重复性不大于新建计量标准时测得的重复性，则重复性符合要求；如果测得的重复性大于新建计量标准时测得的重复性，则应按照新测得的重复性重新进行检定或校准结果的测量不确定度评定，如果评定结果仍满足开展检定或校准项目的要求，则重复性试验符合要求，并可以将新测得的重复性作为下次重复性试验是否合格的判定依据；如果评定结果不满足开展检定或校准项目的要求，则重复性试验不符合要求。

计量标准的重复性试验举例见表6-1。

表6-1　计量标准的重复性试验举例

标准表法气体流量标准装置×××× 的检定或校准结果的重复性试验记录						
试验时间	2018年8月9日			2018年9月12日		
被测对象	名称	型号	编号	名称	型号	编号
	涡轮流量计	TBQJ-80C	0521712020××××	涡轮流量计	TBQJ-80C	0521712020××××
测量条件	大气压：102.563kPa	环境温度：20.1℃		大气压：100.473kPa	环境温度：20.9℃	
	相对湿度：59.9%			相对湿度：51.9%		
测量次数	测得值（200m³/h）			测得值（200m³/h）		
1	201.318			201.438		
2	201.448			201.356		
3	201.260			201.305		
4	201.398			201.286		
5	201.368			201.407		
6	201.182			201.278		
7	201.392			201.478		
8	201.372			201.298		
9	201.371			201.206		
10	201.305			201.391		
$\overline{x}$	201.341			201.344		
$s(x_i)=\sqrt{\frac{\sum_{i=1}^{n}(x_i-\overline{x})^2}{n-1}}$	0.077			0.084		
结论	符合要求			符合要求		
试验人员						

6.2.4　计量标准的稳定性

计量标准的稳定性是指用该计量标准在规定时间间隔内测量稳定的被测量对象时，所得到的测量结果的一致性，其是计量标准的主要计量特性之一。它描述的是计量标准保持其计量特性随时间恒定的能力。JJF 1033—2016《计量标准考核规范》中规定，计量标准的稳定性用经过规定的时间间隔后计量标准提供的量值所发生的变化来表示，因此计量标准的稳定性与所考虑的时间段长短有关。计量标准通常由计量标准器和配套设备组成，因此计量标准的稳定性应当包括计量标准器的稳定性和配套设备的稳定性。同时，在稳定性的测量过程中还不可避免地会引入被测对象对稳定性测量的影响，所以必须选择稳定的测量对象作为稳定性测量的核查标准。

新建计量标准一般应当经过半年以上的稳定性考核，证明其所复现的量值稳定可靠后，方可申请计量标准考核；已建计量标准一般每年至少进行一次稳定性考核，并通过历年的稳定性考核记录数据比较，以证明其计量特性的持续稳定。

计量标准的稳定性考核的前提是存在量值稳定的核查标准，其核查标准的选择应按照 JJF 1033—2016《计量标准考核规范》中附录 C. 2. 3 的要求进行。

在进行计量标准的稳定性考核时，应当优先采用核查标准进行考核；若被考核的计量标准是建标单位的次级计量标准时，也可以选择高等级的计量标准进行考核；若符合 JJF 1033—2016《计量标准考核规范》中 C. 2. 2. 3. 3 的条件，也可以选择控制图进行考核；若有关计量检定规程或计量技术规范对计量标准的稳定性考核方法有明确规定时，也可以按其规定进行考核；当上述方法都不适用时，方可采用计量标准器的稳定性考核结果进行考核。

1. 计量标准稳定性的考核方法

计量标准稳定性的考核方法很多，包括采用核查标准进行考核、采用高等级的计量标准进行考核、采用控制图法进行考核、采用计量检定规程或计量技术规范规定的方法进行考核和采用计量标准器的稳定性考核结果进行考核等。

（1）采用核查标准进行考核　用于日常验证测量仪器或测量系统性能的装置称为核查标准或核查装置。在进行计量标准的稳定性考核时，应当选择量值稳定的被测对象作为核查标准。采用核查标准对计量标准的稳定性进行考核时，其记录格式可以使用 JJF 1033—2016《计量标准考核规范》中附录 F《计量标准的稳定性考核记录》参考格式。

对于新建计量标准，每隔一段时间（大于一个月），用该计量标准对核查标准进行一组 n 次的重复测量，取其算术平均值作为该组的测得值。共观测 m 组（$m \geqslant 4$），取 m 组测得值中最大值和最小值之差，作为新建计量标准在该时间段内的稳定性。

对于已建计量标准，每年至少一次用被考核的计量标准对核查标准进行一组 n 次的重复测量，取其算术平均值作为测得值。以相邻两年的测得值之差作为该时间段内计量标准的稳定性。

（2）采用高等级的计量标准进行考核　对于新建计量标准，每隔一段时间（大于一个月），用高等级的计量标准对新建计量标准进行一组测量。共测量 m 组（$m \geqslant 4$），取 m 组测得值中最大值和最小值之差，作为新建计量标准在该时间段内的稳定性。

对于已建计量标准，每年至少一次用高等级的计量标准对被考核的计量标准进行测量，以相邻两年的测得值之差作为该时间段内计量标准的稳定性。

（3）采用控制图法进行考核　控制图（又称休哈特控制图）是对测量过程是否处于统计控制状态的一种图形记录。它能判断测量过程中是否存在异常因素并提供有关信息，以便于查明产生异常的原因，并采取措施使测量过程重新处于统计控制状态。采用控制图法对计量标准的稳定性进行考核时，用被考核的计量标准对一个量值比较稳定的核查标准做连续的定期观测，并根据定期观测结果计算得到的统计控制量（例如平均值、标准偏差、极差）的变化情况，判断计量标准的量值是否处于统计控制状态。控制图的方法仅适合于满足下述条件的计量标准：

1）准确度等级较高且重要的计量标准。

2）存在量值稳定的核查标准，要求其同时具有良好的短期稳定性和长期稳定性。

3）比较容易进行多次重复测量。

建立控制图的方法和控制图异常的判断准则参见 GB/T 17989.2—2020《控制图　第 2 部分：常规控制图》。

（4）采用计量检定规程或计量技术规范规定的方法进行考核　当计量检定规程或计量技术规范对计量标准的稳定性考核方法有明确规定时，可以按其规定进行计量标准的稳定性考核。

（5）采用计量标准器的稳定性考核结果进行考核　将计量标准器每年溯源的检定或校准数据，制成计量标准器的稳定性考核记录表或曲线图（参见 JJF 1033—2016《计量标准考核规范》附录 D《计量标准履历书》参考格式中的“计量标准器的稳定性考核图表”），作为证明计量标准量值稳定的依据。

2. 计量标准稳定性的判定方法

若计量标准在使用中采用标称值或示值，则计量标准的稳定性应当小于计量标准的最大允许误差的绝对值；若计量标准需要加修正值使用，则计量标准的稳定性应当小于修正值的扩展不确定度（U 或 U_{95}，$k=2$）。当计量检定规程或计量技术规范对计量标准的稳定性有规定时，则可以依据其规定判断稳定性是否合格。

3. 核查标准的选择方法

被检定或被校准的对象是实物量具，在这种情况下可以选择一性能比较稳定的实物量具作为核查标准。

计量标准仅由实物量具组成，而被检定或被校准的对象为非实物量具的测量仪器。实物量具通常可直接用来检定或校准非实物量具的测量仪器，且实物量具的稳定性通常远优于非实物量具的测量仪器，因此在这种情况下可以不必进行稳定性考核。但需画出计量标准器所提供的标准量值随时间变化的曲线，即计量标准器稳定性曲线图。

计量标准器和被检定或被校准的对象均为非实物量具的测量仪器。如果存在合适的比较稳定的对应于该参数的实物量具，可以用它作为核查标准来进行计量标准的稳定性考核。如果对于该被测参数来说，不存在可以作为核查标准的实物量具，可以不做稳定性考核。

计量标准的稳定性考核可以参考表 6-2 所列内容。

表 6-2　计量标准的稳定性考核举例

标准表法气体流量标准装置×××× 的稳定性考核记录				
考核时间	2018 年 7 月 5 日	2018 年 8 月 9 日	2018 年 9 月 12 日	2018 年 10 月 15 日
核查标准	名称：涡轮流量计　型号：TBQJ－80C　编号：0521712020××××			
测量条件	大气压：100.903kPa 环境温度：19.2℃ 相对湿度：68.7%	大气压：102.563kPa 环境温度：20.1℃ 相对湿度：59.9%	大气压：100.473kPa 环境温度：20.9℃ 相对湿度：51.9%	大气压：100.879kPa 环境温度：19.5℃ 相对湿度：48.7%
测量次数	测得值（$200m^3/h$）	测得值（$200m^3/h$）	测得值（$200m^3/h$）	测得值（$200m^3/h$）
1	201.354	201.318	201.438	201.238
2	201.714	201.448	201.356	201.277
3	201.444	201.260	201.305	201.224
4	201.608	201.398	201.286	201.389
5	201.519	201.368	201.407	201.344
6	201.447	201.182	201.278	201.294
7	201.586	201.392	201.478	201.244
8	201.479	201.372	201.298	201.303
9	201.478	201.371	201.206	201.373
10	201.446	201.305	201.391	201.264
$\overline{x}_i$	201.507	201.341	201.344	201.295
变化量 $\lvert \overline{x}_i - \overline{x}_{i-1} \rvert$	—	0.166	0.003	0.085
允许变化量	—	0.645	0.644	0.644
结论	—	符合要求	符合要求	符合要求
考核人员				

6.2.5　其他计量特性要求

JJF 1033—2016《计量标准考核规范》中规定，计量标准的其他计量特性，如灵敏度、分辨力、鉴别阈、漂移、死区及响应特性等计量特性应当满足相应计量检定规程或计量技术规范的要求。

6.2.6　计量标准的命名、组建及试运行考核

1. 计量标准的命名依据与格式

计量标准的名称应严格依据 JJF 1022—2014《计量标准命名与分类编码》的规定格式。国防计量特殊计量标准可结合各计量专业及分专业、计量参数等具体情况命名。

计量标准的命名应尽量从名称上就能直观反映出标准器的构成或计量标准的用途，因此，计量标准命名是以标准器名称命名还是以被检/校对象的名称命名，最主要是看计量标准主标准器的构成及被检/校对象的种类。若主标准器只有一个，则用标准器的名称来命名；若被检/校对象只有一个，则用被检/校对象名称来命名；若主标准器只有一个，被检/校对

象也只有一个，则看主标准器及被检/校对象是否为同种计量器具，若为同种计量器具，一般则以主标准器的名称为命名标识，若不是同种计量器具，一般则以被检/校对象名称为命名标识。若主标准器有多个，被检/校对象也有多个，则以简单典型为主导进行计量标准的命名。

计量标准命名主要分三类，一是以标准装置（标准器、标准器组）命名的计量标准，二是以检定装置或校准装置命名的计量标准，三是以工作基准装置命名的计量标准。为了使计量标准名称能准确地反映计量标准的特性，根据计量标准的特点，在计量标准的计量标准器、被检定或被校准计量器具名称或参量前可以用测量范围、等别或级别、原理以及状态、材料、形状、类型等基本特征词加以描述。

(1) 标准装置（标准器、标准器组）的命名　该类计量标准的命名是以计量标准中的“主要计量标准器”或其反映的“参量”名称作为命名标识，后缀有三种，分别是标准装置、标准器、标准器组。JJF 1022—2014《计量标准命名与分类编码》中对计量标准的命名给出了以下三种常用命名格式：×××× 标准装置、×××× 标准器或者 ×××× 标准器组。

(2) 检定装置或校准装置的命名　检定装置或校准装置的命名是以被检定或被校准“计量器具”或其反映的“参量”名称作为命名标识。用被检定或被校准计量器具名称作为命名标识也有两种命名形式：一是××××检定装置或××××校准装置；二是检定××××标准器组或校准××××标准器组，它只是检定装置或校准装置的一种特殊情况，其主标准器及配套设备均由实物量具构成。命名为检定装置还是校准装置，要根据执行的技术规范种类来确定。当执行的技术依据既有检定规程又有校准规范时则命名为检定装置，如果只执行校准规范的则命名为校准装置。

(3) 工作基准装置的命名　工作基准装置的命名是以“计量标准器”或其反映的“参量”名称作为命名标识，并在名称后面加后缀“工作基准装置”。

2. 气体计量标准装置常用名称和代码

计量标准代码用八位数字表示，分四个层次，每个层次用两位阿拉伯数字表示，第一层体现计量标准所属计量专业大类及专用计量器具应用领域，气体计量标准装置一般被列入力学计量标准当中，其对应 12 力学；第二、第三、第四层次体现计量标准的计量标准器或被检定、被校准计量器具具有相同原理、功能用途或可测同一参量的计量标准大类、项目及子项目，下一层次为上一层次计量标准的进一步细分。表 6-3 列出了常用气体计量标准装置代码与名称。

表 6-3　常用气体计量标准装置代码与名称

序号	代码	计量标准名称
1	12316301	标准表法气体流量标准装置
2	12316303	钟罩式气体流量标准装置
3	12316308	质量时间（mt）法气体流量标准装置
4	12316315	pVTt 法气体流量标准装置
5	12316325	恒压式气体流量标准装置
6	12316331	临界流喷嘴气体流量标准装置
7	12316332	临界流文丘里喷嘴法气体流量标准装置

（续）

序号	代码	计量标准名称
8	12316335	皂膜气体流量标准装置
9	12316400	差压式流量计检定装置
10	12316700	流量标准装置检定装置
11	12317200	加气机检定装置
12	12317201	液化石油气（ LPG ）加气机检定装置
13	12317203	压缩天然气（ CNG ）加气机检定装置
14	12317205	液化天然气（ LNG ）加气机检定装置
15	12317600	膜式燃气表检定装置
16	12318200	流量积算仪检定装置

3. 计量标准的组建与试运行考核

1）技术负责人负责整理标准建立过程中的全部技术文件资料。

2）在主标准器及配套设备齐全完整的情况下，组建其完整的计量标准装置，初步确定该项标准的计量学特性指标参数或准确度等级。

3）落实标准适宜的设施及环境条件。

4）技术负责人组织相关技术人员对该标准进行试运行试验。

5）依据试运行试验数据对整套标准装置的不确定度进行分析，并进行测量重复性试验和稳定性考核。

6）对分析得出的装置不确定度进行验证试验。

7）组织技术人员展开《计量标准技术报告》的编写工作。

8）建立考核所需的“文件集”，制订相关的管理规章制度。

9）安排 2 名或以上操作人员的培训、考试和取证。

10）计量标准应试运行超过 6 个月。

当各项技术指标达到预期要求，填报并递交申请计量标准考核的相关材料，完善所有材料以备计量标准考核。

计量标准的建标申请、运行与考核工作流程如图 6-2 所示 。

6. 2. 7　计量标准技术报告

JJF 1033—2016《计量标准考核规范》中明确规定，每项计量标准应当建立一个文件集，其包括 18 种文件资料。而《计量标准技术报告》是该文件集中编写工作量最重、技术含量最高、撰写难度最大的一个文件。它是申请考核的必备文件，也是评审考核中重点审核查验的材料，又是建标单位的重要档案材料。《计量标准技术报告》的编写质量直接反映申请建标单位技术人员的业务素质和实力水平，也能客观反映目前该计量标准的技术状况。

《计量标准技术报告》统一使用 JJF 1033—2016《计量标准考核规范》中附录 B 的格式撰写，其结构可总结为表 6-4 所列的 12 项内容。《计量标准技术报告》的编写流程如图 6-3 所示。

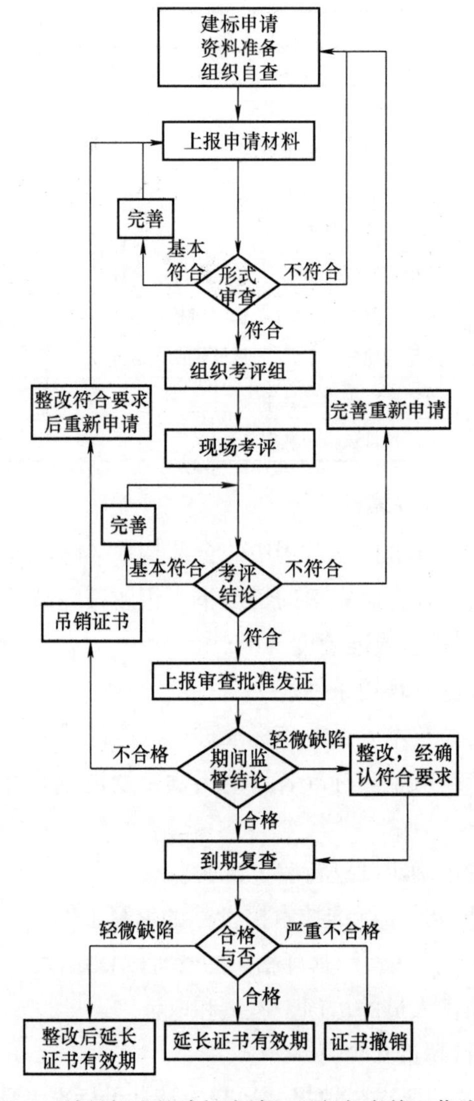

图6-2　计量标准的建标申请、运行与考核工作流程

表6-4　JJF 1033—2016 中《计量标准技术报告》的结构目录

序号	内　容
1	建立计量标准的目的
2	计量标准的工作原理及其组成
3	计量标准器及主要配套设备
4	计量标准的主要技术指标
5	环境条件
6	计量标准的量值溯源和传递框图
7	计量标准的稳定性考核
8	检定或校准结果的重复性试验
9	检定或校准结果的不确定度评定
10	检定或校准结果的验证
11	结论
12	附加说明

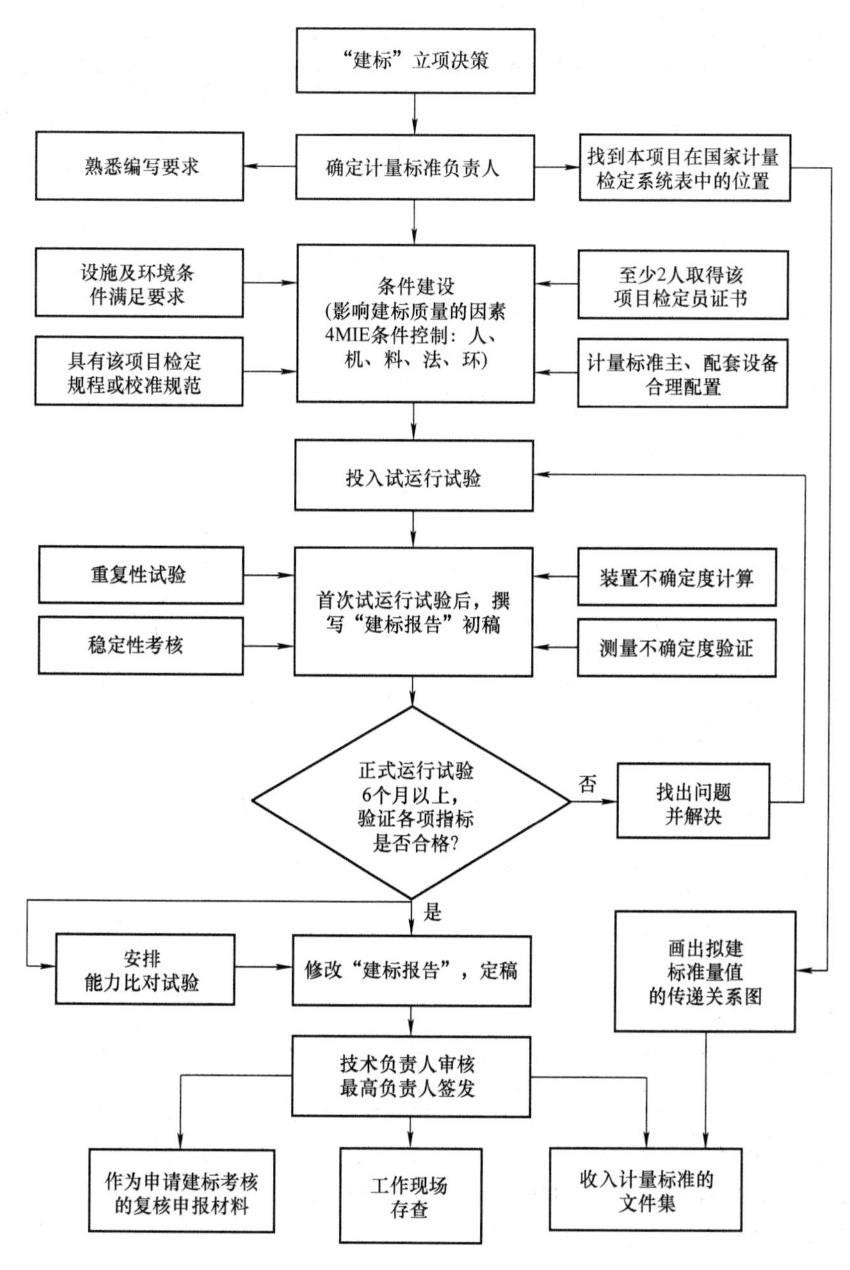

图 6-3　《计量标准技术报告》的编写流程

6.3　文件集的建立和管理

文件集是原来计量标准档案的延伸，也是国际上对于计量标准文件集合的总称。每个计量标准都应当建立一个单独的文件集，提交单位应当对文件的完整性、真实性、正确性和有效性负责。文件集的正式批准、发布、更改和评价等均受控，需经计量标准负责人签署意见方可执行，计量标准负责人对计量标准文件集中数据的完整性和真实性负责。表 6-5 列出了文件集应包含的文件内容。

表 6-5　文件集应包含的文件内容

类别	文件内容
1	《计量标准考核证书》（如果适用）
2	《社会公用计量标准证书》（如果适用）
3	《计量标准考核（复查）申请书》
4	《计量标准技术报告》
5	《检定或校准结果的重复性试验记录》
6	《计量标准的稳定性考核记录》
7	《计量标准更换申报表》（如果适用）
8	《计量标准封存（或撤销）申报表》（如果适用）
9	《计量标准履历书》
10	国家计量检定系统表（如果适有）
11	计量检定规程或计量技术规范
12	计量标准操作程序
13	计量标准器及主要配套设备使用说明书（如果适用）
14	计量标准器及主要配套设备的检定或校准证书
15	检定或校准人员的能力证明
16	实验室的相关管理制度
16.1	实验室岗位管理制度
16.2	计量标准使用维护管理制度
16.3	量值溯源管理制度
16.4	环境条件及设施管理制度
16.5	计量检定规程或计量技术规范管理制度
16.6	原始记录及证书管理制度
16.7	事故报告管理制度
16.8	计量标准文件集管理制度
17	开展检定或校准工作的原始记录及相应的检定或校准证书副本
18	可以证明计量标准具有相应测量能力的其他技术资料（如果适用）

在表 6-5 所列 18 个类别的文件中，有些文件对于当前项目计量标准不适用时，可不包含。文件集中明确注释文件保存的地点和方式，文件集可以承载在各种载体上，如硬盘拷贝、电子媒体、其他数字产品、纸质或照片等方式均可（需有备份）。

编写文件时，文字表述应当做到结构严谨、层次分明、用词确切、表述清楚，不致产生不同的理解。所用的数与符号代号要统一，同一术语应当始终表达同一概念，并与有关技术规范一致。按国家规定表述量的名称、单位和符号，测量不确定度的表述与符号应符合国家的相关规定，并与国际接轨。数据、公式、图例、表格及其他内容应当真实可靠，准确无误，有明确的出处，且文字与数字书写要规范。

第7章　计量标准考核的申请

7

计量标准考核的申请类型分为“新建计量标准考核”和“计量标准复查考核”。两种考核都需要做好相关的前期准备工作，但是准备工作的很多方面是不一样的。

7.1　申请考核前的准备

7.1.1　申请新建计量标准考核

根据JJF 1033—2016的规定，申请新建计量标准考核的单位应当按照“计量标准的考核要求”进行准备，只有计量标准器及配套设备、计量标准的主要计量特性、环境条件及设施、人员、文件集、计量标准测量能力的确认六个方面达到规定的要求后，才可以提交《计量标准考核（复查）申请书》。这六个方面的准备工作是申请考核的前提条件。

1. 科学合理的配置计量标准器及配套设备

根据相应的计量检定规程及技术规范的要求，配置计量标准器及配套设备，且应包含必需的计算机及软件。配置应当做到科学合理、完整齐全，并具有一定的先进性。

2. 计量标准器及主要配套设备应当溯源至国家计量基准或社会公用计量标准

对于社会公用计量标准及部门、企事业单位最高计量标准，应当经法定计量检定机构或授权的计量技术机构检定合格或校准来保证其溯源性。主要配套计量设备也可由本单位建立的计量标准或有权进行计量检定的技术机构检定合格或校准，取得有效的溯源证明。

3. 计量标准应当经过一段时间的试运行并考察计量标准的重复性和稳定性

新建计量标准应当经过半年以上的试运行，进行计量标准的重复性及稳定性考核。新建计量标准还应当对本标准检定或校准结果进行测量不确定度的评定，随后还应对给出的检定或校准结果的可信程度进行验证。由于验证的结论与测量不确定度有关，因此验证的结论在某种程度上同时说明了所给出的检定或校准结果的不确定度是否合理。

4. 完成《计量标准考核（复查）申请书》和《计量标准技术报告》的填写

其中计量标准的重复性试验和稳定性考核、测量结果的不确定度评定及检定或校准结果的验证等内容应当符合有关要求。

5. 环境条件及设施应当满足开展检定或校准工作的要求

一方面要存在有效的检测和控制措施；另一方面要及时、真实地进行环境条件的记录，做到环境条件可追溯。

计量标准应安置于对其正常工作的技术性能不会产生不利影响的环境中，如振动、腐蚀、噪声和电磁干扰等都可能对计量标准产生影响，导致得出不真实的测量数据，因此每项计量标准工作的环境条件均应满足相应计量检定规程或校准规范的要求，并且具有有效的监控措施和记录。所谓有效是指应该有及时的真实记录，而不是事后的追记、补记的造假记录。

当对计量标准进行安装布局时，应采用布局合理的原则，对不相容的区域进行有效隔离，防止相互影响。用于实验室环境监测的仪器，如温度计、湿度计和气压计等应纳入计量器具的一览表，安排周期检定或校准，取得有效期内的溯源证书。

6. 每个项目配备至少两名持证的检定或校准人员

每项计量标准至少配备两名经培训考试合格的本专业持证人员，以满足实施检定和校准时有一个人担任主要操作员，另一个人担任核验员的要求。

所谓持证是指持有本项目《计量检定员证》或持有相应等级的《注册计量师资格证书》和市场监督管理部门颁发的相应项目的《注册计量师注册证》。

从有利于管理的角度出发，申报单位还应对每项计量标准落实一名计量标准负责人。该负责人应该是本单位计量专业项目基础最扎实、技术水平最高、解决实际问题最快的技术人员。该负责人应负责该计量标准的日常使用管理、维护、量值溯源和文件集的更新，使计量标准持久保持技术能力。

7. 建立计量标准的文件集

要求每项计量标准应建立一个文件集。文件集包含 JJF 1033—2016 规定的 18 个方面的文件，建立的文件集应符合真实性、准确性、有效性、完整性。

7.1.2 申请计量标准复查考核

申请复核单位应确保计量标准始终处于正常工作状态，并为计量标准复查考核提供必要的技术依据，包括：

1）在《计量标准考核证书》有效期内，申请考核单位应当保证计量标准器和主要配套设备的连续、有效溯源。

2）在计量标准运行中应当定期进行“重复性试验”和“稳定性考核”并保存相关的记录数据，确保每年进行一次。试验和考核结果应当符合 JJF 1033—2016 附录 C 的相关要求。

3）申请考核单位应注意及时更新计量标准文件集中的有关文件。

7.2 申请考核的规定

JJF 1033—2016 中规定，申请考核单位依据《计量标准考核办法》的有关规定向主持考核的部门提出考核申请。

对于不同层次、级别及用途的计量标准的考核申请，《中华人民共和国计量法》第六、七、八条，《计量法实施细则》第八、九、十条以及《计量标准考核办法》对下述三类不同情况计量标准的考核申请做出了明确的规定。

1. 社会公用计量标准申请考核的规定

1）国家市场监督管理总局组织建立的社会公用计量标准以及省级市场监督管理部门组织建立的本行政区域内最高等级的社会公用计量标准，按规定向国家市场监督管理总局申请考核。

2）市（地）、县级市场监督管理部门组织建立的本行政区域内各项最高等级的社会公用计量标准，应当向上一级质量技术监督管理部门申请考核。

3）各级地方市场监督管理部门组织建立的其他等级的社会公用计量标准，应当向同级市场监督管理部门申请考核。

4）国务院有关主管部门和省、自治区、直辖市人民政府有关主管部门组织建立的本部门各项最高计量标准，应当向同级质量技术监督管理部门申请考核。其中，国务院有关主管部门建立的本部门的各项计量标准，按照规定向国家质检总局申请考核；省级人民政府有关主管部门建立的本部门的各项最高计量标准，按照规定向省级市场监督管理部门申请考核。

2. 企事业单位最高计量标准考核的规定

（1）有主管部门的企业、事业单位计量标准的考核　有主管部门的企业、事业单位无论是用于计量检定还是用于校准的各项计量标准，都必须向其主管部门同级的市场监督管理部门提出考核申请，并经其主持考核合格后，才能开展检定和校准。

（2）无主管部门的单位计量标准的考核　民营、私营企业一般都属于无主管部门的单位，这些单位在建立计量标准时，其各项最高计量标准应当向本单位办理工商注册所在地的质量技术监督管理部门申请考核。

3. 承担市场监督管理部门计量授权任务的单位计量标准的考核

所谓计量授权是指县级以上人民政府质量技术监督管理部门，依法授权给其他部门或单位的计量检定机构或技术机构，执行《中华人民共和国计量法》规定的强制检定和其他检定、测试任务。

对社会开展强制检定、非强制检定或对内部执行强制检定，应当按照《计量授权管理办法》的规定向有关市场监督管理部门申请计量授权，其计量标准应当向受理计量授权的市场监督管理部门申请考核。

7.3　申请考核的资料

申请计量标准考核分为两种情况：一种是申请新建计量标准考核，一种是申请计量标准复查考核，两者提供的申请资料有所不用。

1. 申请新建计量标准考核应提供的资料

申请新建计量标准考核的单位应当向主持考核的人民政府计量行政部门提供以下资料：

1）《计量标准考核（复查）申请书》原件一式两份和电子版一份。要求该申请书上的所有栏目应详尽、真实填写。原件应当在“申请考核单位意见”和“申请考核单位主管部门意见”两栏加盖公章，电子版内容与原件一致。

2）《计量标准技术报告》原件一份。注意随建标报告提供《计量标准重复性试验记录》和《计量标准稳定性考核记录》。

3）计量标准器及主要配套设备有效的检定或校准证书复印件一套。要求计量标准器及主要配套设备均应有连续、有效的检定或校准证书。

4）开展检定或校准项目的原始记录及相应的模拟检定或校准证书复印件两套。

5）检定或校准人员能力证明复印件一套。申请考核单位应提供《计量标准考核（复查）申请书》中列出的所有检定或校准人员（每项计量标准的持证人员不少于2人）能力证明复印件一套。

6）可以证明计量标准具有相应测量能力的其他技术资料（如果适用）复印件一套。

2. 申请计量标准复查考核应提供的资料

申请计量标准复查考核的单位应当在《计量标准考核证书》有效期届满前6个月向主持考核的人民政府计量行政部门提出申请，并向主持考核的人民政府计量行政部门提供以下资料：

1）《计量标准考核（复查）申请书》原件一式两份和电子版一份。要求该申请书上的所有栏目应详尽、真实填写。原件应当在“申请考核单位意见”和“申请考核单位主管部门意见”两栏加盖公章，电子版内容与原件一致。

2）《计量标准考核证书》原件一份。申请计量标准复查考核应交回《计量标准考核证书》原件，可将复印件留存存档。

3）《计量标准技术报告》原件一份。如果计量标准器及主要配套设备指标保持不变，也没有做过更换，则《计量标准技术报告》不必重写；如果做了更换或者进行了更新改造，或原指标有变化，则应做相应的试验与考核，重写《计量标准技术报告》，并按照新建计量标准的流程进行申请。

4）《计量标准考核证书》有效期内计量标准器及主要配套设备连续、有效的检定或校准证书复印件一套。此处的连续是指计量标准自上一个考核以来计量标准器及主要配套设备各个周期的所有检定或校准证书，有效期要连续不中断。

5）随机抽取该计量标准近期开展检定或校准工作的原始记录及相应的检定或校准证书复印件两套。随机抽取至少两套近期开展的检定或校准原始记录及证书的复印件，以判断其数据处理的正确性及填写的规范性、正确性等。

6）《计量标准考核证书》有效期内连续的《检定或校准结果的重复性试验记录》复印件一套。用以证明其重复性试验是否符合规定的要求，每年应至少进行一次重复性试验。

7）《计量标准考核证书》有效期内连续的《计量标准稳定性考核记录》复印件一套。用以证明其稳定性是否符合规定的要求，每年应至少进行一次稳定性考核。

8）检定或校准人员能力证明复印件一套。提供该项目最少两名检定或校准人员的资格证明复印件。

9）《计量标准更换申报表》（如果适用）复印件一份。《计量标准考核证书》有效期内主标准器或主要配套设备如发生更换，申请复查考核时，应提供《计量标准更换申请表》复印件一份。

10）《计量标准封存（或撤销）申报表》（如果适用）复印件一份。如果在《计量标准证书》有效期内发生封存（或撤销），申请计量标准复查考核时应提供计量标准封存（或撤销）申请表复印件一份。

11）可以证明计量标准具有相应测量能力的其他技术资料（如果适用）复印件一套。

7.4 申请书的填写要求

计量标准考核用表有两种形式：一种是强制采用的正式表格，如《计量标准考核（复查）申请书》《计量标准技术报告》《计量标准考核证书》等；另一种是推荐使用的参考格式，包括《计量标准履历书》《检定或校准结果的重复性试验记录》《计量标准的稳定性考核记录》等。本节将介绍《计量标准考核（复查）申请书》的填写要求。

JJF 1033—2016 中附录 A 给出了强制性使用的《计量标准考核（复查）申请书》（以下简称申请书）统一格式，一般采用 A4 纸打印。

1. 封面的填写要求

（1）[　　] 量标　证字第　　号　填写《计量标准考核证书》的编号。新建计量标准申请考核时不必填写。申请复查考核单位根据主持考核的人民政府计量行政部门签发的《计量标准考核证书》填写该编号。

（2）计量标准名称和计量标准代码　按 JJF 1022—2014《计量标准命名与分类编码》的规定查取计量标准名称和代码。

（3）建标单位名称和组织机构代码　分别填写建标单位的全称和组织机构代码。建标单位的全称应与本申请书中“建标单位意见”栏内所盖公章中的单位名称完全一致。

（4）　年　月　日　填写建标单位提出计量标准考核或复查申请时的时间。

2. 申请书内容填写要点及要求

（1）计量标准名称　应与本申请书封面上的“计量标准名称”栏填写的名称一致。

（2）计量标准考核证书号　申请新建计量标准时不必填写。申请计量标准复查时应填写原《计量标准考核证书》的编号，并应与本申请书封面上的“[　　] 量标　证字第　号”填法一致。

（3）保存地点　填写该计量标准保存部门的名称，保存地点所在的地址、楼号及房间号。

（4）计量标准原值（万元）　填写该计量标准的主标准器和配套设备原值的总和，单位以“万元”计，数字通常精确到小数点后两位。该原值应当与《计量标准履历书》中“原值（万元）”相一致。

（5）计量标准类别　需要考核的计量标准，分为社会公用计量标准、部门最高计量标准和企事业单位最高计量标准三类。取得人民政府计量行政部门授权的。属于计量授权项目。本栏应根据该计量标准类及是否属于授权项目，在对应的“□”内打“√”。

（6）测量范围　填写该计量标准的测量范围。对于可以测量多种参数的计量标准应分别给出每一种参数的测量范围。

（7）不确定度或准确度等级或最大允许误差　根据具体情况可选择填写不确定度或准确度等级或最大允许误差。具体采用何种参数表示应根据具体情况确定，或遵从本行业的规定或不必言宣的约定俗成法。填写时，必须用符号明确注明所给参数的含义。

1）填写不确定度的要求。本栏目的不确定度，系指用本计量标准检定或校准被测对象时，由计量标准在测量结果中所引入的不确定度分量。其中不应包括被测对象、测量方法及环境条件等对测量结果的影响。

当填写不确定度时，可以根据该领域的表述习惯和方便的原则，用标准不确定度或扩展不确定度表示。标准不确定度用 u 表示；扩展不确定度有两种表示方式，分别用 U 和 U_P 表示。当用扩展不确定度表示时，应同时注明所取包含因子 k 的数值。不确定度数字前不应带“±”号，也不得用小于号（<）表示。

当包含因子 k 的数值是根据被测量 y 的分布，并由规定的包含概率 P 计算得到时，扩展不确定度用U_P表示，如常取的包含概率 P 分别为 0.95 或 0.99 时，可分别用符号U_{95}和U_{99}表示。

当包含因子 k 的数值是直接取定（多数情况下取 $k=2$）而非根据被测量 y 的分布计算得到时，扩展不确定度用 U 表示。

2）填写准确度等级的要求。准确度等级一般以该计量标准所满足的等别或级别表示，可以按各专业约定填写，如可写为“二等”“0.5 级”。

3）填写最大允许误差的要求。最大允许误差用 MPE 表示，误差非正即负，故其数值前应带“±”号，如 MPE：±0.01mg 等。

（8）计量标准器和主要配套设备　计量标准器又称主标准器，是指计量标准在量值传递中对量值有主要贡献（即起主要作用）的那些计量设备。主要配套设备是指除计量标准器以外的对测量结果的不确定度有明显影响的其他设备。

1）名称与型号。此两栏分别填写各计量标准器及主要配套设备的名称和型号。

2）测量范围。此栏填写相应计量标准器及主要配套设备的测量范围。

3）不确定度或准确度等级或最大允许误差。此栏填写相应计量标准器及主要配套设备的不确定度或准确度等级或最大允许误差，填写要求与上述（7）相同。

4）制造厂及出厂编号。此栏填写各计量标准器及主要配套设备的制造厂家名称及出厂编号。

5）检定周期或复校间隔。此栏填写各计量标准器及主要配套设备的检定周期或建议复校间隔，如1年、半年等。

6）末次检定或校准日期。此栏填写各计量标准器及主要配套设备最近一次的检定或校准日期。

7）检定或校准机构及证书号。此栏填写各计量标准器及主要配套设备溯源计量技术机构的名称及其检定证书或校准证书的编号。

（9）环境条件及设施

1）环境条件的填写（见表7-1）。在环境条件中应填写的项目及其填写要求如下：

① 在计量检定规程或计量技术规范中提出具体要求，并且对检定或校准结果及其测量不确定度有显著影响的环境项目。

“要求”栏填写计量检定规程或计量技术规范对该环境项目规定必须达到的具体要求。

“实际情况”栏填写使用计量标准的环境条件所能达到的实际情况。

“结论”栏视是否满足计量检定规程或计量技术规范规定要求的具体情况分别填写“合格”或“不合格”。

表7-1　环境条件

项目	要求	实际情况	结论
温度	(20±1)℃	(20±0.5)℃	合格
湿度	<75%RH	60%RH~70%RH	合格

② 在计量检定规程或计量技术规范中未提出具体要求，但对检定或校准结果及其测量不确定度有显著影响的环境项目。

“要求”栏按《计量标准技术报告》中对该环境项目的要求填写。

“实际情况”栏填写使用计量标准的环境条件所能达到的实际情况。

“结论”栏视是否符合《计量标准技术报告》的“检定或校准结果的测量不确定度评定”栏中对该项目所提要求的具体情况分别填写“合格”或“不合格”。

③ 在计量检定规程或计量技术规范中未提出具体要求，但对检定或校准结果及其测量不确定度的影响不大的环境项目，此时，“要求”与“结论”两栏不必填写。“实际情况”栏填写使用计量标准的环境条件所能达到的实际情况。

2）设施的填写。在“设施”中填写在计量检定规程或计量技术规范中提出具体要求，并对检定或校准结果及其测量不确定度有影响的设施和监控设备。

“项目”栏内填写计量检定规程或计量技术规范规定的设施和监控设备名称。

“要求”栏内填写计量检定规程或计量技术规范对该设施和监控设备规定必须达到的具体要求。

“实际情况”栏填写设施和监控设备的名称、型号和所能达到的实际情况，并应与《计量标准履历书》中相关内容一致。

“结论”栏系指是否符合计量检定规程或计量技术规范对该项目提出的要求，视实际情况分别填写“合格”或“不合格”。

（10）检定或校准人员　此栏填写使用该计量标准从事检定或校准工作的人员情况，按规定每项计量标准的持证检定或校准人员不得少于2名。

1）姓名、性别、年龄、从事本项目年限、学历。以上各栏目应按实际情况填写。

2）能力证明名称及编号。可以填写《计量检定员证》及编号，也可以填写《注册计量师资格证书》及编号或《注册计量师注册证》及编号。

3）核准的检定或校准项目。应填写检定或校准人员所取得的相应的检定或校准项目名称。

（11）文件集登记　对表中所列18种文件是否具备，分别按实际情况填写“是”或“否”。填写“否”，则应在“备注”栏中说明原因。

（12）开展的检定或校准项目　本栏目在申请阶段是指计量标准拟开展的检定或校准项目。

1）名称。此栏填写被检或被校计量器具名称。如果只能开展校准，必须在被校准计量器具名称（或参数）后注明“校准”字样。

2）测量范围。此栏填写被检或被校计量器具的量值或量值范围。

3）不确定度或准确度等级或最大允许误差。此栏填写被检或被校计量器具的不确定度或准确度等级或最大允许误差。

4）所依据的计量检定规程或计量技术规范的代号及名称。此栏填写开展计量检定所依据的计量检定规程以及开展校准所依据的计量检定规程或计量技术规范的编号及名称。填写时，先写计量检定规程或计量技术规范的编号，再写规程、规范的全称。若涉及多个计量检定规程或计量技术规范时，则应全部分别予以列出。

注意：此栏应填写被检或被校计量器具（或参数）的计量检定规程或计量技术规范，而不是计量标准器或主要配套设备的计量检定规程或计量技术规范。

（13）建标单位意见　此栏由建标单位的负责人（即主管领导）签署意见并签名，然后加盖单位公章。

（14）建标单位主管部门意见　此栏由建标单位的主管部门签署意见并加盖主管部公章。例如：

1）某单位申请部门最高计量标准考核，建标单位的主管部门应当在“建标单位主管部门意见”栏中签署“同意该项目作为本部门最高计量标准申请考核”（不能简写“同意”），并加盖主管部门公章。

2）某企业申请企业最高计量标准考核，企业的主管部门应当在“建标单位主管部门意见”栏中签署“同意该项目作为本企业最高计量标准考核”（也不能简写“同意”），并加盖主管部门公章。

（15）主持考核的人民政府计量行政部门意见　主持考核的人民政府计量行政部门在审阅《计量标准考核（复查）申请书》及其他申请资料并确认受理后，根据所申请计量标准的准确度等级等情况确定组织考核（复查）的人民政府计量行政部门。主持考核的人民政府计量行政部门应将是否受理、由谁组织考核的明确意见写入本栏并加盖公章。

（16）组织考核的人民政府计量行政部门意见　组织考核（复查）的人民政府计量行政部门在确认受理申请后，随即确定考评单位或成立考评组，并将处理意见写入栏内并加盖公章。

7.5 履历书的填写要求

7.5.1 履历书格式要求

1）《计量标准履历书》参考格式见 JJF 1033—2016 中附录 D。

2）申请计量标准考核单位原则上按照 JJF 1033—2016 中附录 D 参考格式填写。

3）对于某些计量标准，如果参考格式不适用，申请计量标准考核单位可以自行设计《计量标准履历书》格式，但其包含的内容不少于 JJF 1033—2016 中附录 D 参考格式规定的内容。

7.5.2 履历书封面和目录

1. 封面

（1）计量标准名称　该名称应与《计量标准考核（复查）申请书》中的名称完全一致。

（2）计量标准代码　按 JJF 1022—2014《计量标准命名与分类编码》的规定，查取计量标准名称和代码。该代码与《计量标准考核（复查）申请书》中的代码相同。

（3）计量标准考核证书号　新建计量标准申请考核时不必填写，待考核合格后，根据主持考核的人民政府计量行政部门签发的《计量标准考核证书》，填写计量标准考核证书号。

（4）建立日期　如实填写计量标准的筹建日期。

2. 目录

目录共 11 项内容，应在每项名称后面的括号内注明其在《计量标准履历书》中的页码。

7.5.3　履历书内容填写要求

1. 计量标准基本情况记载

1）计量标准名称、测量范围、不确定度或准确度等级或最大允许误差、保存地点几项的填写应与《计量标准考核（复查）申请书》上的内容完全一致。

2）原值（万元）。此栏填写该计量标准的主标准器及配套设备的价值总和，单位为万元，数字一般精确到小数点后两位。

3）启用日期。此栏填写该计量标准正式投入使用的日期。

4）建立计量标准情况记录。此栏填写该计量标准筹建的基本情况，包括为何提出建标，建标的过程叙述，主标准器及配套设备的选定、购置、安装、溯源，人员培训取证，环境条件建设，管理规章制度等方面。

5）验收情况。此栏填写该计量标准的主标准器、配套设备以及相应设施整体验收情况，验收后应有验收人员的签字。一般由购买部门和使用部门共同验收，验收通过后，再移交计量标准负责人保管。

2. 计量标准器、配套设备及设施登记

本栏不仅应登记主标准器及配套设备的信息，还应登记设施及其他监控设备的信息。

（1）名称、型号、测量范围、不确定度或准确度等级或最大允许误差、制造厂及出厂编号　各栏目的填写要求应与《计量标准考核（复查）申请书》相应栏目保持一致。

（2）原值（万元）　此栏填写主标准器、配套设备的原值。所有主标准器及配套设备的价值之和等于“计量标准基本情况记载”中的“原值”。

3. 计量标准考核（复查）记录

（1）计量标准名称　该名称应与《计量标准履历书》封面中的名称保持一致。

（2）申请考核日期　填写该计量标准历次考核或者复核的具体日期。

（3）考评单位　填写历次承担该计量标准考评的单位。如果是组织考核（复查）市场监督管理部门组成的考评组，则填写“×××市场监督管理部门组成的考评组，组长为：×××”。

（4）考核方式　此栏填写“现场考评”或“书面审查”。

（5）考核员姓名　此栏填写承担该计量标准历次考核的考评员姓名。

（6）考核结论　此栏填写“合格”或“不合格”结论意见。

（7）计量标准考核证书有效期　此栏填写该计量标准本次考核的证书有效期，为一个周期。

4. 计量标准器的稳定性考核图表

此栏填写时可根据标准器的实际情况，既可选择“计量标准器的稳定性考核记录表”形式，也可选择“计量标准器的稳定性曲线图”形式。

对于可以测量多种参数的计量标准，每一种参数均要给出“计量标准器的稳定性考核记录表”或“计量标准器的稳定性曲线图”。

5. 计量标准器及主要配套设备量值溯源记录

（1）名称　此栏填写各计量标准器及主要配套设备的名称。

（2）检定或校准日期　此栏填写各计量标准器及主要配套设备最后一次检定或校准

日期。

（3）检定周期或校准间隔　此栏填写各计量标准器及主要配套设备检定周期或校准间隔，如半年、一年等。

（4）检定或校准机构名称　此栏填写各主标准器及主要配套设备溯源单位的名称。

（5）结论　此栏填写各主标准器及主要配套设备的检定或校准结论。对于检定来说，填写“合格”或“不合格”；对于校准来说，填写“是否符合要求”。

（6）检定或校准证书号　此栏填写各主标准器及主要配套设备的检定或校准证书号。

6. 计量标准器及配套设备修理记录

（1）名称　此栏填写修理的计量标准器或配套设备的名称。

（2）修理日期　此栏填写修理计量标准器或配套设备的日期。

（3）修理原因　此栏填写计量标准器及配套设备的故障情况。

（4）修理情况　此栏填写计量标准器或配套设备修理时的情况。

（5）修理结论　此栏填写计量标准器或配套设备经修理后是否恢复原计量性能，能否满足计量标准的要求。

（6）经手人签字　此栏由负责修理事宜的实验室人员签字。

7. 计量标准器及配套设备更换登记

计量标准器或主要配套设备发生任何更换，均应及时登记。

（1）更换前计量器具名称、型号及出厂编号　此栏填写更换前计量器具的名称、型号和出厂编号。

（2）更换后计量器具名称、型号及出厂编号　此栏填写更换后计量器具的名称、型号和出厂编号。

（3）更换原因　此栏填写计量标准器或主要配套设备更换的原因。

（4）更换日期　此栏填写计量标准器或主要配套设备更换的日期。

（5）经手人签字　此处由经手人签字。

（6）批准部门或批准人及日期　如果是由主持考核的市场监督管理部门批准的更换，则填写主持考核的市场监督管理部门的名称；如果是由建标单位批准的更换，则填写本单位批准更换部门的名称。日期均需要填写实际批准的日期。

8. 计量检定规程或计量技术规范（更换）登记

（1）登记内容　在《计量标准履历书》中，应该登记开展检定或校准所依据的计量检定规程或计量技术规范。当依据的标准发生更换时，应及时在《计量标准履历书》中予以记载。

（2）登记方法

1）新建计量标准仅填写“现行的计量检定规程或计量技术规范编号及名称”栏。

2）每当规程或规范发生变更时，“现行的计量检定规程或计量技术规范编号及名称”栏填写替换后的新规程或规范编号及名称，同时在“原计量检定规程或计量技术规范编号及名称”栏填写被替换下来的原规程或规范编号及名称，同时填写“更换日期”和“变化的主要内容”两栏。

9. 检定或校准人员（更换）登记

1）所有在岗的检定或校准人员的有关信息应在检定或校准人员（更换）登记表中予以

记录，填写“离岗日期”以外的其他所有栏。

2）当检定或校准人员离岗时，则填写离岗日期。

10. 计量标准负责人（更换）登记

在《计量标准履历书》中，应当记载计量标准负责人的信息，填写“负责人姓名”“接收日期”“交接记事”和“交接人签字及日期”四个栏目，其中负责人是指新上任的负责人，交接人是指即将卸任的负责人。

11. 计量标准使用记录

每次使用计量标准时，都应当填写“计量标准使用记录”，计量标准使用记录可以单独印制使用。当计量标准使用频繁时，可以每隔一段时间记录一次。

第8章　计量标准的考评、考评后的整改及后续监管

8

计量标准考核不仅包括现场考评、整改，还有获证后的后续监管。为了加强计量标准的管理，规范计量标准的考核工作，保障国家计量单位制的统一和量值传递的一致性、准确性，为国民经济和社会发展以及计量监督管理提供准确的检定、校准数据和结果，国家计量主管部门需要对计量标准进行持续不断地监管，以保证其科学、准确、有效。

8.1　前受理环节的相关准备工作

建标单位向主持考核的人民政府计量行政部门呈报申请资料后，受理部门首先对呈交的资料进行初审，即形式审查。对申请资料中技术正确与否做出判断是考评员进行书面审查的职责。如果资料齐全并符合考核规范要求，则受理申请，发送《行政许可受理决定书》；如果不满足要求，则视为初审不合格，此时视情况有以下三种处理方式：

1）可以立即更正的，应当允许建标单位更正。更正后符合考核规范要求的，受理申请，发送《行政许可受理决定书》。

2）申请资料不齐全或不符合考核规范要求的，受理部门会在5个工作日内一次性告知建标单位需补正的全部内容，并发送《行政许可申请不予受理决定书》，经补充符合要求的予以受理。逾期未告知的，视为受理。

3）不属于受理范围的，发送《行政许可申请不予受理决定书》，并将有关申请资料退回建标单位。

属于“申请资料不齐全或不符合考核规范要求”情况的，建标单位应本着“少什么补什么”和“错什么改什么”的原则，尽快按要求补齐和完善申请资料后及时呈交主持考核部门。

主持考核部门决定受理考核申请后，将会在10个工作日内完成计量标准考核的组织工作，即成立“考评组”，并将组织考核的部门、考核单位以及考评计划告知建标单位。

建标单位应当在考评组实施现场考评前（或者更早以前），由单位技术负责人或质量负责人主持，做好评审前自查和汇报资料等准备工作，以及现场及环境的整顿工作。

新建计量标准时，应在汇报资料中结合自查情况，重点围绕技术与管理两方面的能力状况是否符合考核规范要求进行有说服力的说明。申请复查考核时，在汇报资料中可将自上次考评通过以来的几年中计量标准运行情况及标准日常维护、能力保持情况、每年自查情况等进行总结。

建标单位自查时，可使用考评员统一使用的“计量标准考评表”。自查的过程既是对照检查的过程，也是学习提高和改进的过程，要注重实效，防止走过场。

8.2　计量标准的考评

8.2.1　计量标准的考评方式、内容和要求

1. 考评方式

计量标准的考评分为书面审查和现场考评两种方式。新建计量标准的考评首先进行书面审查，如果基本符合条件，再进行现场考评；复查计量标准的考评通常采用书面审查的方式来判断计量标准的测量能力，如果建标单位所提供的申请资料不能证明计量标准能够保持相应的测量能力，应当安排现场考评；对于同一个建标单位同时申请多项计量标准复查考核的，在书面审查的基础上，可以采用抽查的方式进行现场考评。

2. 考评内容与要求

计量标准的考评内容包括计量标准器及配套设备、计量标准的主要计量特性、环境条件及设施、人员、文件集以及计量标准测量能力的确认等 6 个方面共 30 项要求[㊀]。

考评合格与否的判断标准：考评时，如果有重点考评项目（带 * 号的项目）不符合要求，则判断为考评不合格；如果重点考评项目有缺陷，或其他项目不符合或有缺陷时，则可以限期整改，整改时间一般不超过 15 个工作日，超过整改期限仍未改正者，则判为考评不合格。

计量标准的考评应当在 80 个工作日内（包括整改时间及考评结果复核、审核时间）完成。

注：对于仅用于开展计量检定，并列入《简化考核的计量标准项目目录》（见 JJF 1033—2016 附录 N）中的计量标准，其稳定性考核、检定结果的重复性试验、检定结果的测量不确定度评定以及检定结果的验证等 4 个项目可以免于考评。

8.2.2　书面审查与现场考评时的配合工作

1. 书面审查时的配合工作

考评员对申请资料和所附数据进行书面审查（带△号的 20 个项目），其目的是确认申请资料是否齐全、正确，是否具备相应的测量能力。

（1）对新建计量标准书面审查结果的处理

1）如果基本符合考核要求，考评组组长或考评员应当与建标单位商定现场考评事宜，并将现场考评的具体时间及有关事宜提前通知建标单位。

2）如果发现某些方面不符合考核要求，考评员应当与建标单位进行交流，必要时，下达“计量标准整改工作单”（格式见 JJF 1033—2016 附录 J）。如果建标单位经过补充、修改、纠正和完善，解决了存在的问题，按时完成了整改工作，则应当安排现场考评；如果建标单位不能在 15 个工作日内完成整改工作，则考评不合格。

㊀　该要求见 JJF 1033—2016 附录 J《计量标准考核报告》中的“计量标准考评表”。

3）如果发现存在重大或难以解决的问题，考评员与建标单位交流后，确认计量标准测量能力不符合考核要求，则考评不合格。

（2）对复查计量标准书面审查结果的处理

1）如果符合考核要求，考评员能够确认计量标准保持相应测量能力，则考评合格。

2）如果发现某些方面不符合考核要求，考评员应当与建标单位进行交流，必要时，下达“计量标准整改工作单”。如果建标单位经过补充、修改、纠正和完善，解决了存在的问题，按时完成了整改工作，考评员能够确认计量标准测量能力符合考核要求，则考评合格；如果建标单位不能在15个工作日内完成整改工作，则考评不合格。

3）如果对计量标准测量能力有疑问，考评员与建标单位交流后仍无法消除疑问，则应当安排现场考评。

4）如果发现存在重大或难以解决的问题，考评员与建标单位交流后，确认计量标准测量能力不符合考核要求，则考评不合格。

2. 现场考评时的配合工作

现场考评是考评员通过现场观察、资料核查、现场实验和现场提问等方法，对计量标准是否符合考核要求进行判断，并对计量标准的测量能力进行确认。现场考评以现场实验和现场提问作为考评重点，现场考评的时间为1~2天。现场考评的程序及建标单位应做的配合工作如下：

（1）首次会议　由考评组组长宣布考评的项目和考评员分工，明确考核的依据、现场考评日程安排和要求；建标单位主管人员介绍本单位概况和计量标准考核准备工作情况（包括“自查”情况），最好提前形成书面材料，会议时间一般不超过0.5h。

（2）现场观察　考评员在建标单位有关人员的陪同下，对考评项目的相关场所进行现场观察。通过观察，了解计量标准器及配套设备、环境条件及设施等方面的情况，为进入考评做好准备。

（3）资料核查　考评员应当按照“计量标准考评表”的内容对申请资料的真实性进行现场核查，主要核查带*号的考评项目以及书面审查时没有涉及的项目。建标单位应对考评员提出的存疑做出解释并按其提出的意见立即完善或补充。

（4）现场实验和现场提问

1）方法。由事先确定的2名检定或校准人员（必要时可增加），用被考核的计量标准对考评员指定的测量对象进行检定或校准。根据实际情况可以选择盲样、建标单位的核查标准或近期已经检定或校准过的计量器具作为测量对象。现场实验时，考评员应对检定或校准的操作程序、操作过程以及采用的检定或校准方法等内容进行考评，并通过对现场实验数据与已知的参考数据进行比较，以确认计量标准测量能力。

现场提问的内容包括有关本专业基本理论方面的问题、计量检定规程或计量技术规范中的有关问题、操作技能方面的问题以及考评中发现的问题。

2）现场实验结果评价。

① 用考评员自带盲样作为测量对象。设现场测量结果和参考值分别为y和y_0，它们的扩展不确定度分别为U和U_0（均取U_{95}或U，$k=2$），要求两者之差不大于两者的扩展不确定度的方和根，即

$$|y-y_0| \leqslant \sqrt{U^2+U_0^2} \tag{8-1}$$

② 使用建标单位的核查标准或外单位送检仪器作为测量对象。在现场实验前，建标单位应提供核查标准或外单位送检仪器的检定结果及不确定度。此时由于测量结果和参考值都是采用同一套计量标准进行测量，因此在结果的扩展不确定度中应扣除由系统效应引起的测量不确定度分量。设现场测量结果和参考值分别为 y 和 y_0，它们的扩展不确定度均为 U，扣除由系统效应引入的不确定度分量后的扩展不确定度为 U'，则应满足

$$|y - y_0| \leqslant \sqrt{2}U' \tag{8-2}$$

完成现场实验后，将有关原始记录附在“计量标准考评表”后。

（5）末次会议　由考评组组长主持，全体考评员及建标单位主要领导和部门领导，计量标准负责人和项目成员参加。会议目的是通报考评结果。由组长报告考评情况，说明考评的总评价，宣布现场考评结论，并对发现的主要问题加以说明，确认不符合项和缺陷项，提出整改要求和完成期限，之后双方进行交流（有时也可以在会前简要交流），确认考评结果。如果双方在技术问题上存在重大不同意见，可通过书面形式予以记载，并提交组织考核的人民政府计量行政部门。最后由建标单位领导和（或）计量标准负责人对考评结果表达意见，并对整改期限内完成整改做出承诺，整改项目及整改要求应反映在考评员开出的“计量标准整改工作单”中。

8.3　考评后的整改工作

8.3.1　整改工作的布置

末次会议后现场考评工作结束。建标单位主要领导应及时召集计量部门全体人员召开布置整改工作的会议，对现场考评情况向与会人员做简要介绍，在肯定前期准备工作的同时，重点对“计量标准整改工作单”中列的不符合项、缺陷项一并提出整改要求：要求部门领导召开分析会，查找原因，举一反三查准问题症结，指定可行的纠正措施与预防措施，将具体整改任务逐条落实到人，并要求在规定期限内完成整改。

按整改工作会议上的布置，按分工对不符合项和缺陷项认真进行整改，并将各项整改工作完成的结果证明材料按要求整理上交给计量标准负责人（或科室负责人），认真填写“计量标准整改工作单”中“整改结果”栏。另外，写出一份简要的整改工作书面汇报材料（附相关证明材料）。整改材料完成后，应在“计量标准整改工作单”中加盖建标单位公章，并在规定的截止整改日期前将“计量标准整改工作单”连同整改的证明材料送达考评员。

8.3.2　整改工作的确认

考评员收到整改材料后，应认真审查提供的证明材料。对不符合项和缺陷项的纠正措施完成情况、结果进行跟踪、确认，必要时应到现场核查。审查完毕，确认整改到位后，在“计量标准整改工作单”中“考评员确认签字”栏签名。

8.3.3　考评结果的处理

1. 考评员应上交的材料

由考评员填写《计量标准考核报告》，在该报告中应给出明确的考评意见及结论。完成

考评后，应及时将该报告及申请资料交回考评单位或考评组组长。应提交的文件有：

1）《计量标准考核报告》（包括“计量标准考评表”），如果有整改，则应附“计量标准整改工作单”。

2）由建标单位提供的全部申请资料，如《计量标准考核（复查）申请书》等，申请新建计量标准的有6项，申请计量标准复查的有11项。

3）如果是现场考评，需提交现场实验原始记录及相应的检定或校准证书一套。

4）如果有整改，还需提交建标单位的全套整改材料。

2. 对考评员上交材料的复核

考评单位或考评组以及组织考核的人民政府计量行政部门，应对考评员上报的《计量标准考核报告》及其他有关材料及时进行认真复核，并在《计量标准考核报告》相应栏目中签署意见，复核的负责人应签名并加盖公章，复核工作应在5个工作日内完成。

建标单位如果对考评工作或考评结果有异议，可填写《计量标准考评工作意见表》，并送组织考核或主持考核的人民政府计量行政部门申诉，以上部门应当及时进行核查并进行处理。

8.4 计量标准考核的后续监管

8.4.1 计量标准器或主要配套设备的更换

在计量标准的有效期内，不论何种原因更换计量标准器或主要配套设备，均应当履行相关手续，此处的“更换”还包括增加和部分停用（如多台相同计量标准器或主要配套设备停用其中一台或几台），视以下情况分别处理：

1. 按新建计量标准申请考核

更换或增加计量标准器或主要配套设备后，如果计量标准的不确定度或准确度等级或最大允许误差发生了变化，应当按新建计量标准申请考核。

2. 申请计量标准复查考核

更换或增加计量标准器或主要配套设备后，如果计量标准的测量范围或开展检定或校准的项目发生变化（即使更换后其不确定度或准确度等级或最大允许误差不变），应当申请计量标准复查考核。

3. 无须重新考核，只需办理更换手续

（1）建标单位应准备的资料

1）填写《计量标准更换申报表》一式两份，并由建标单位负责人签字后加盖公章。

2）提供更换后计量标准器或主要配套设备有效的检定或校准证书和《计量标准考核证书》复印件各一份。

3）必要时，还应提供《检定或校准结果的重复性试验记录》和《计量标准的稳定性考核记录》复印件一份。

（2）更换手续的办理程序

1）建标单位将上述资料上报主持考核的人民政府计量行政部门。

2）主持考核的人民政府计量行政部门对上报的资料进行审核。如果符合技术要求，则同意并批准更换；如果不符合规定，则要求建标单位补充有关资料后批准更换或者不同意更换。

3）主持考核的人民政府计量行政部门保留一份《计量标准更换申报表》存档，另一份返还建标单位作为文件集的文件保存。

4. 不必办理更换手续的情况

如果更换的计量标准器或主要配套设备为易耗品（如标准物质等），并且更换后不改变原计量标准的主要计量特性，开展的检定或校准项目也无变化，此时只需在《计量标准履历书》第七条“计量标准器及配套设备更换登记”中予以记载即可，不必向主持考核的人民政府计量行政部门办理更换手续。

8.4.2　其他更换

1. 相应计量检定规程或计量技术规范的更换

如果开展检定或校准所依据的计量检定规程或计量技术规范发生更换，应当在《计量标准履历书》中予以记载；如果这种更换使计量标准器或主要配套设备、主要计量特性或检定或校准方法发生实质性变化，则应当提前申请计量标准复查考核，此时应提供计量检定规程或计量技术规范变化的对照表。

2. 环境条件及设施发生重大变化

这种变化包括计量标准保存地点的实验室或设施改造、实验室搬迁等，此时应向主持考核的人民政府计量行政部门报告，主持考核的人民政府计量行政部门根据情况决定采用书面审查或者现场考评的方式进行考核。

3. 更换检定或校准人员

此时，应当在《计量标准履历书》中予以记载。

4. 建标单位名称发生更换

此时，应当以新单位名义向主持考核的人民政府计量行政部门提交报告，并申请换发《计量标准考核证书》。

8.4.3　计量标准的封存与撤销

1. 封存与撤销的原因

在计量标准有效期内，因计量标准器或主要配套设备出现问题，或计量标准需要进行技术改造或其他原因而需要封存或撤销的，应办理相关手续。

2. 办理封存或撤销的手续

建标单位应当填写《计量标准封存（撤销）申报表》一式两份，连同《计量标准考核证书》原件报主持考核的人民政府计量行政部门办理相关手续。主持考核的人民政府计量行政部门同意封存的，在《计量标准考核证书》上加盖“同意封存”印章；同意撤销的，收回《计量标准考核证书》。建标单位和主持考核人民政府计量行政部门各保存一份《计量标准封存（撤销）申报表》。

8.4.4　计量标准的恢复使用

封存的计量标准需重新开展检定或校准工作时按以下情况办理：

1）如果《计量标准考核证书》仍处于有效期内，则建标单位应当申请计量标准复查考核。

2）如果《计量标准考核证书》超过了有效期，则建标单位应当按新建计量标准申请考核。

8.4.5 计量标准的技术监督

技术监督的目的是保障考核后的计量标准能够保持持续正常运行，其监督方式有两种：不定期监督抽查和采用技术手段进行监督。

1. 不定期监督抽查

由主持考核的人民政府计量行政部门组织考评组，对已建计量标准进行不定期抽查，实施动态监督。监督抽查的方式、频次、抽查项目和抽查内容等由主持考核的人民政府计量行政部门确定，抽查合格的维持其有效期；抽查不合格的要限期整改，整改后仍达不到要求的，通知该单位办理撤销计量标准的有关手续，注销其《计量标准考核证书》，并予以通报。

2. 采用技术手段进行监督

由主持考核的人民政府计量行政部门采取计量比对、盲样试验或现场实验等技术手段进行监督。凡是建立了相应项目计量标准的单位，都应当参加由主持考核的人民政府计量行政部门组织的技术监督活动，技术监督结果不合格的，应当限期整改，并将整改情况报主持考核的人民政府计量行政部门。对于无正当理由不参加技术监督活动或整改后仍不合格的，由主持考核的人民政府计量行政部门通知建标单位办理撤销计量标准的有关手续，注销其《计量标准考核证书》，并予以通报。

第 9 章　常用气体流量标准装置简介

9

气体流量标准装置是计量中比较复杂的标准装置，它是可以用来对各种类型的气体流量计进行检定校准的实验装置系统。由于气体流量计本身的复杂性，测量原理和流量范围的不同，以及工况条件的转换，特别是压力和温度的影响，导致气体流量标准装置的多样性，所以应根据不同的气体流量计的特性来选择气体流量标准装置，以完成检定校验工作。

气体流量标准装置可以分为原始标准和传递标准两大类，目前国际上已经开发出多种类型的装置，如图 9-1 所示。

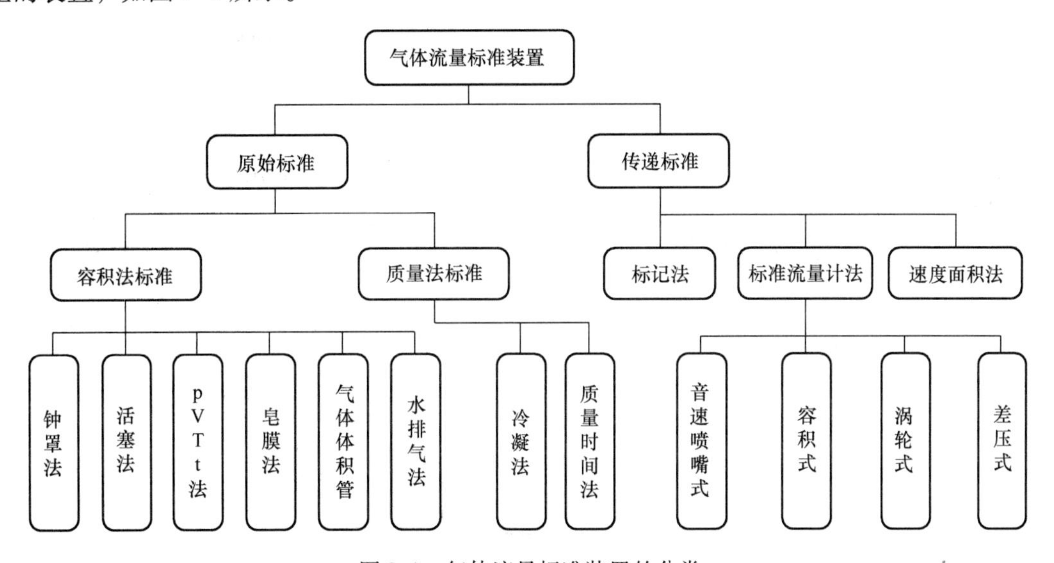

图 9-1　气体流量标准装置的分类

原始标准有容积法和质量法两类装置，各类装置有静态法和动态法之分。如容积法中的 pVTt（压力、容积、温度、时间）法属于静态容积法装置，钟罩式、气体体积管、皂膜式等属于动态容积法装置，其中，钟罩式也可用于静态容积法；质量法中的质量时间（mt）法属于静态质量法。

气体标准装置主要有钟罩式气体流量标准装置、声速喷嘴流量测量标准装置、速度面积法流量测量标准装置、活塞式气体流量标准装置和标准表法气体流量标准装置等。目前的气体流量测量主要分为体积流量测量和质量流量测量。不管哪种测量方法都与气体介质的组分、性质及气体的流动性质有关。在标定中，一般利用空气作为标定介质，空气校验装置是气体流量校验装置的主要类型，也是主要的流量单位量值复制系统，主要用于对气体流量计的检定及校准。

9.1 pVTt 法标准装置

9.1.1 pVTt 法原理

pVTt 法气体流量标准装置是气体流量原级标准装置的重要组成部分，是常用的原级气体流量标准装置之一，是间接测量气体质量流量的一种标准装置。它是利用一个导向阀将检定时间间隔 t 内的被测气体导入一个已知容积为 V 的定容罐内，当定容罐内气体处于稳定的平衡状态后，测量其压力 p 和温度 T，从而复现气体质量流量的一种标准装置。通常用于检定作为传递标准的声速喷嘴，也可检定其他高精度流量计，系统精度一般可优于 0.1%。

图 9-2 为 pVTt 法气体流量标准装置示意图。

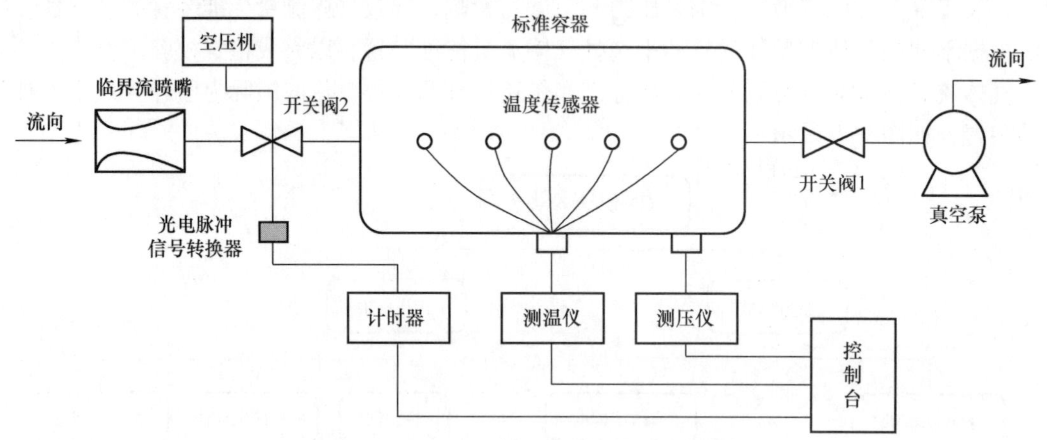

图 9-2 pVTt 法气体流量标准装置示意图

pVTt 法装置的流量基本方程为

$$q_m = \Delta m/t = \frac{m_f - m_i}{t} = \frac{V(\rho_f - \rho_i)}{t}$$

$$= \frac{V(p_f/R_fT_f - p_i/R_iT_i)}{t} \tag{9-1}$$

式中 q_m——质量流量；

Δm——在充气时间 t 内充入标准容器的气体质量；

m_f、m_i——充气平衡终态和平衡初态的气体质量；

ρ_f、ρ_i——充气平衡终态和平衡初态的气体密度；

R_f、R_i——充气平衡终态和平衡初态的气体常数；

p_f、p_i——充气平衡终态和平衡初态的气体压力。

图 9-3 pVTt 法气体流量标准装置实物图

图 9-3 所示为 pVTt 法气体流量标准装

置实物图。

图9-3所示设备的参考参数如下：

1）容器体积：$20m^3$。

2）流量范围：$0.1m^3/h \sim 1300m^3/h$。

3）可测喷嘴喉径：0.5mm～60mm。

4）不确定度：$U=0.05\%$（$k=2$）。

9.1.2　pVTt法分类

pVTt法装置的型式有很多种，一般可以按照其结构和工作原理进行分类。按照检定时气体相对于标准容器的流动方向不同，可以分为进气式和排气式；按照气源压力高低不同，可以分为高压式和常压式；按照装置中的动力设备不同，可以分为空气压缩机式、鼓风机式和真空泵式；按照装置产生气体的流量大小不同，可以分为小流量空气压缩机式和大流量空气压缩机式；按照气体处理程度不同，可以分为去湿处理式和不去湿处理式；按照采取的稳温措施不同，可以分为标准容器内加风机式、标准容器水浴恒温式、标准容器外层加热式和自然稳定式；按照检定开始和结束时气流换向或者启停方式不同，可以分为三通阀式、换向阀式和开关阀式；按照标准容器的数量不同，可以分为单容器型、双容器型和多容器型；按照标准容器的安装姿势不同，可以分为竖立式和横置式。高压进气式、常压进气式和排气式pVTt法装置是三种常用装置。

9.1.3　pVTt法各国设备简介

目前，国际上有美国、日本、荷兰、中国等国家使用pVTt法气体流量标准装置作为原级气体流量标准。

1. 美国NIST pVTt法气体流量标准装置

美国NIST pVTt法气体流量标准装置标准容器体积为$26m^3$、34L、677L。图9-4所示为美国NIST pVTt法装置水浴图。表9-1列出了美国NIST pVTt法装置的相关参数。

图9-4　美国NIST pVTt法装置水浴图

表 9-1　美国 NIST pVTt 法装置的相关参数

流量标准	流量 /(L/min)	气体	压力 /kPa	不确定度($k=2$) (%)
34L pVTt	1～100	N_2	100～7000	0.03～0.04
	1～100	空气	100～1700	0.05
	1～100	CO_2	100～4000	0.05
	1～100	Ar	100～7000	0.05
	1～100	He	100～7000	0.05
677L pVTt	10～150	N_2	100～800	0.02～0.03
	10～2000	空气	100～1700	0.05
26m³ pVTt	860～77600	空气	100～800	0.13

2. 日本 pVTt 法气体流量标准装置

日本 pVTt 法气体流量标准装置采用夹套水循环式，容器壁外增加一层，中间采用水循环，保持容器内气温恒定，如图 9-5 所示。

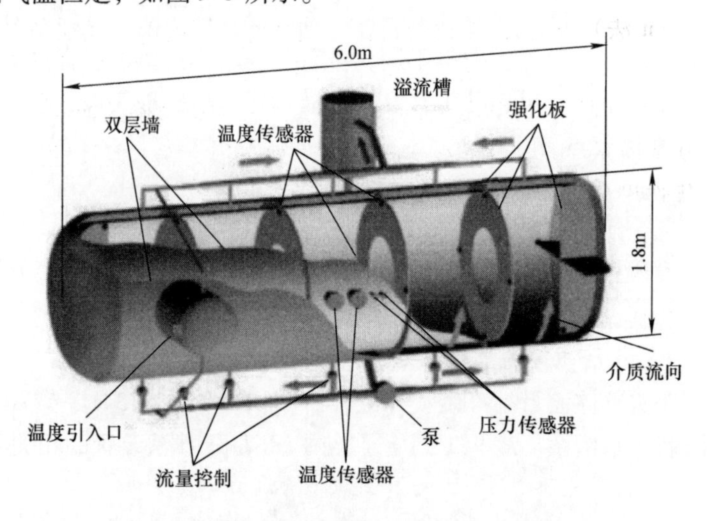

图 9-5　日本 pVTt 法气体流量标准装置示意图

3. 我国 pVTt 法气体流量标准装置

我国各计量院 pVTt 法气体流量标准装置的相关参数见表 9-2。

表 9-2　我国各计量院 pVTt 法气体流量标准装置的相关参数

单位(举例)	容器体积	流量 /(m^3/h)	可测喷嘴喉径 /mm	准确度或不确定度
中国计量科学研究院	20L、200L、2m³、20m³	0.1～1300	0.5～60	$U=0.05\%$ ($k=2$)
重庆市计量质量检测研究院	1.8m³、20L、2.2m³、10m³、20m³	0.04～180 0.001～0.5	0.04～1	0.1 级
山东省计量科学研究院	27m³、2m³、100L、30L	0.01～1300	0.133～50	$U=0.05\%$ ($k=2$)

（续）

单位(举例)	容器体积	流量 /(m^3/h)	可测喷嘴喉径 /mm	准确度或不确定度
浙江省计量科学研究院	$26m^3$、$10m^3$	4～1024	0.8～50	$U=0.05\%$ ($k=2$)
	500L、100L	—	—	—
辽宁省计量科学研究院	100L	0.01～10	0.133～7	$U=0.05\%$ ($k=2$)

9.2　mt 法标准装置

9.2.1　mt 法原理

质量时间法（mt 法）是一种通过测量某一时间间隔 t 内储气罐内气体质量 m 的变化来复现气体质量流量的标准装置。从原理上讲，mt 法是复现质量流量最直接、也是精确度最高的方法。因为质量和时间都是基本量，它们的量值可得到最直接的传递。

质量时间法（mt 法）气体流量标准装置（图 9-6）是建立气体质量流量的原级标准装置，是目前气体流量的最高标准之一。该装置采用砝码、天平作为质量 m 的标准，高精度晶振为时间标准合成计时器，配以相关的容器、管线和快速精确的换向机构，构成气体流量标准装置，如图 9-7 所示。其流量准确度高，重复性、稳定性、复现性好，是国际上气体流量标准、量传的优选设备。

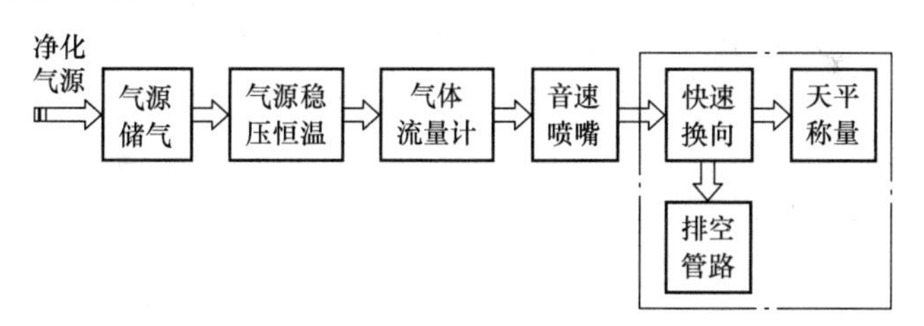

图 9-6　mt 法气体流量标准装置原理框图

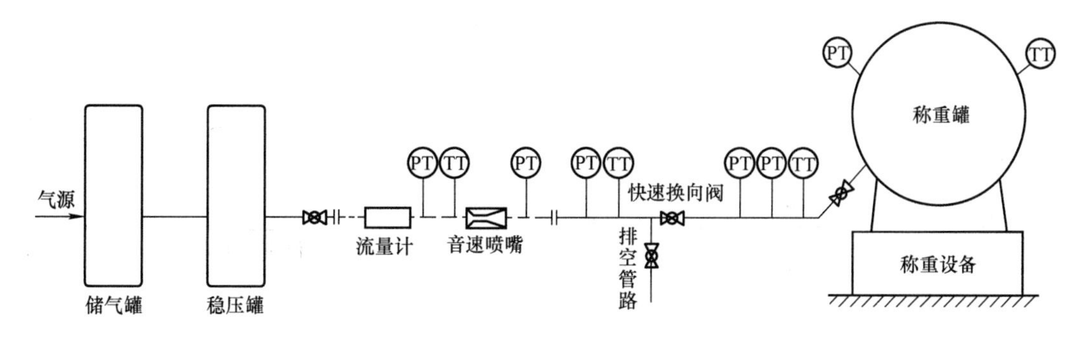

图 9-7　mt 法气体流量标准装置示意图

流量是基本量（长、热、力、电）的导出量。国内的气体流量原级标准主要是 pVTt 和钟罩、活塞等容积法标准，因装置本身结构原理的限制，检定介质压力比较低（负压或微正压），距流量计实际工况较远；容积法气体流量标准装置受温度、压力、几何形状的影响较大，故在准确度和流量范围的提高上受到限制。

通过称量检定开始到检定结束时介质气体流入称量容器内的气体质量 m 和检定时间 t，而得到的气体平均质量流量，检定管路上游接临界流文丘里喷嘴和被检流量计。因喷嘴的特性，保证上游检定介质的压力稳定，即可得到稳定的流量；保证介质气体质量准确称量和检定时间的精确测量，从而给出高准确度的喷嘴流出系数或流量计仪表系数。

空气压缩机将净化处理后的干净空气压入储气罐，然后流经稳压容器，使其压力达到规定压力，然后稳定一段时间，使稳压罐中的气体温度一致。

在检定开始前气体先通过排空管路，控制装置称量称重罐的质量，待气体温度和压力稳定后由快速换向阀切换，将气体导入称重罐，此时控制系统开始计时。经过一段时间后，快速换向阀动作，将气体导入排空管路，控制系统停止计时，控制系统计算开始与结束时间，得到检定时间，再次称量称重罐的质量，经过计算就可以得到罐内气体质量。气体质量与检定时间相比就可以得到质量流量。

图 9-8 为 mt 法天然气流量标准装置结构示意图。用该装置校准临界流文丘里喷嘴时，先将称重球罐放空，将电子天平的读数置零，同时获取球罐周围环境温度、压力和湿度等参数，连接快速接头；在测试开始前，快速切换阀 XV9003 关闭，XV9005 全开，天然气流经测试管路里的临界流喷嘴后进入低压旁通管线，待流动状态稳定后，采集附加管容 1 的压力和温度值，单击开始测试，快速切换阀 XV9005 关闭，XV9003 打开，同时开始计时，使天然气充入称重球罐内，开始测试；到达预置的测试时间后，快速切换阀再次切换，XV9003 关

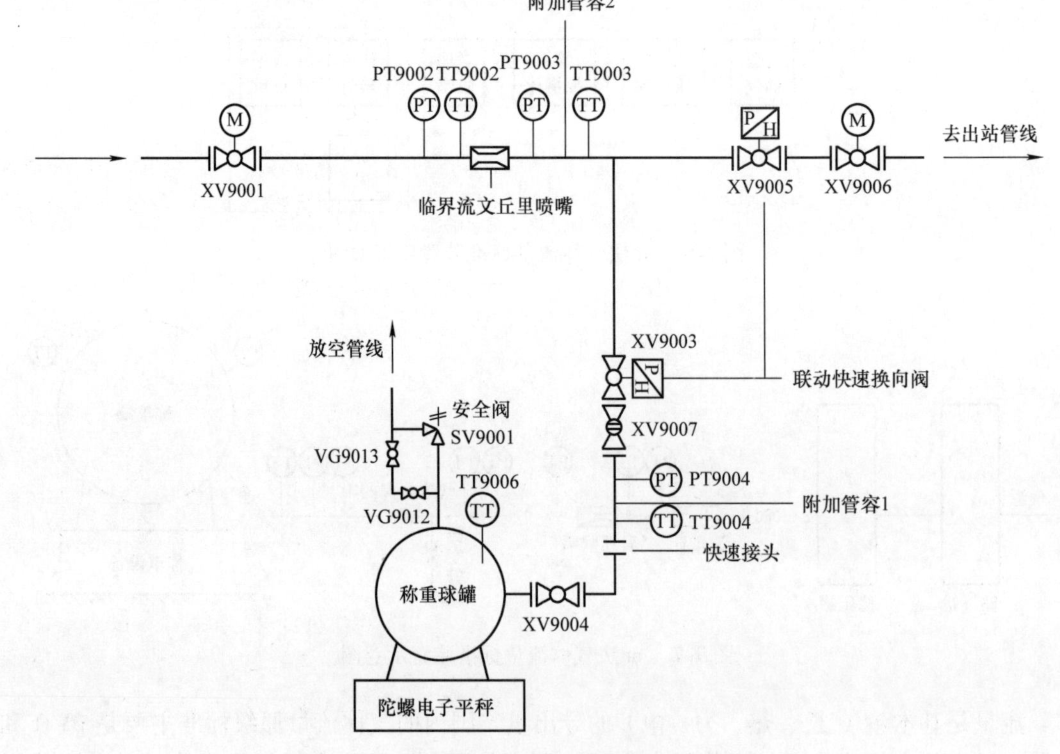

图 9-8　mt 法天然气流量标准装置结构示意图

闭，XV9005 打开，同时停止计时，将天然气切换到旁通管线。测试过程中，附加管容 2 的压力和温度值由系统在开始测试和结束测试瞬间自动采集，然后，关闭 XV9004 后，采集附加管容 1 的压力和温度值，对附加管容 1 中的氮气置换后，打开快速接头，使称重球罐和管线脱开，待陀螺电子平秤称量值稳定后，获取球罐周围环境温度、压力和湿度等参数，并读取陀螺电子平秤的读数，利用测试时间内球罐内天然气质量的变化量，即可计算出天然气的质量流量。

9.2.2　mt 法气体流量标准装置结构

mt 法气体流量标准装置主要由称重系统、计时系统、快速联动切换阀、液压系统、球阀和工艺管道、测试管路、压力和温度测量仪表、数据采集处理和控制系统等构成，如图 9-8 所示。

mt 法气体流量标准装置的实物图如图 9-9 所示。

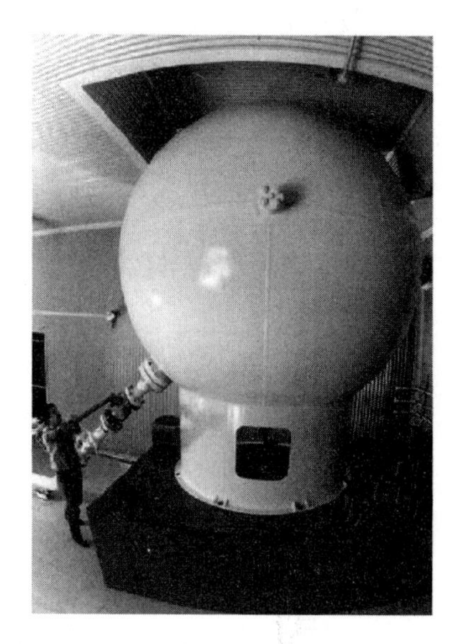

图 9-9　mt 法气体流量标准装置的实物图

mt 法气体流量标准装置测量的流过临界流喷嘴的质量流量为

$$
\begin{aligned}
q_m &= \frac{m_e - m_s}{t} = \frac{\Delta m}{t_1 - \Delta t} \\
&= \frac{1}{t_1 - \Delta t} \times \{[(W_e + W_{b,e}) + V_{L1}\rho_{1e} + V_{L2}\rho_{2e}] - \\
&\quad [(W_s + W_{b,s}) + V_{L1}\rho_{1s} + V_{L2}\rho_{2s}]\} \\
&= \frac{1}{t_1 - \Delta t} \times [(W_e - W_s) + (\Delta W_b) + V_{L1} \times (\rho_{1e} - \\
&\quad \rho_{1s}) + V_{L2} \times (\rho_{2e} - \rho_{2s})]
\end{aligned}
\tag{9-2}
$$

式中　下标——“s”表示测试开始时刻的值；“e”表示测试结束时刻的值；“1”表示附加管容 1 的参数；“2”表示附加管容 2 的参数；

q_m——mt 法气体流量标准装置测量的质量流量（kg/s）；

m——称重球罐内气体质量与附加管容中气体质量之和（kg）；

Δm——测试过程中流过临界流喷嘴的气体质量（kg）；

W——称重球罐内的气体质量（kg）；

W_b——称重球罐所受空气浮力（kg）；

ΔW_b——测试结束和开始时，称重球罐所受空气浮力的变化量（kg）；

V_L——附加管容容积（m^3）；

ρ——空气密度（kg/m^3）；

t——实际测量时间（s）；

t_1——计时系统测量时间（s）；

Δt——快速切换阀换向时间系统差（s）。

9.3 皂膜气体流量标准装置

9.3.1 皂膜气体流量标准装置原理

皂膜气体流量标准装置属于动态容积法微小气体流量标准装置，用于检定流量范围小于6L/min 的气体流量计。它属于动态容积法装置，皂膜管容积有 10mL ~ 6000mL 之间多种规格，装置系统精度等级通常为 1 ~ 2 级，容积大于 1000mL 的皂膜气体流量标准装置，在严格操作的条件下可达到 0.5 级。目前国内检定或校准各类微小气体流量计使用的标准计量器具主要有钟罩气体流量标准装置和皂膜气体流量标准装置两种，其中，皂膜气体流量标准装置流量下限较低，操作简便，易用性好，广泛应用于化学工艺、劳保卫生、环境监测、科研院所的气体流量检测工作中。

皂膜气体流量标准装置可分为直读式皂膜气体流量标准装置和电子式皂膜气体流量标准装置，两种装置的结构类似，如图 9-10 所示。

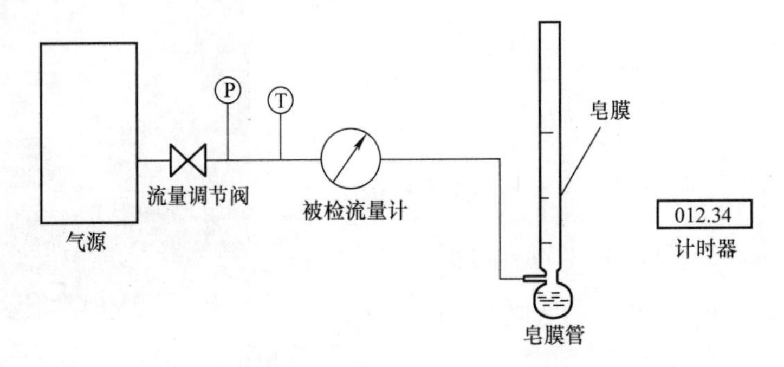

图 9-10　皂膜气体流量标准装置

电子式皂膜流量标准装置（以下简称皂膜装置），其计量准确度一般为 1.0 级，一些新型装置的准确度已经可以达到 0.5 级。皂膜装置的基本原理为：由气源流出的气体经过流量调节阀、被检流量计、皂膜流量计后再流入大气。通过流量调节阀调节所需流量后，皂膜装置产生皂膜。由于进气的压力，推动皂膜沿着皂膜管匀速上升。当皂膜升到皂膜管的下刻度线时，由下刻度传感器触发内部计时器开始计时；当皂膜升到皂膜管的上刻度线时，由上刻度传感器触发计时器停止计时，显示仪表直接显示出流过流量计的气体体积流量。由于气体的体积流量与气体的状态参数密切相关，因此很多皂膜装置已经内置了温度、压力测量模块，可结合工作状态下的体积流量（即工况流量）进行运算，得出标准状态下的体积流量（即标况流量）。皂膜装置只需采集少量变量即可完成数据运算。为便于分析，设定皂膜管为直体圆柱形，即在标定区间内皂膜管内径完全一致，具体计算公式如下：

$$q = \frac{V}{t} = \frac{\pi d^2 \Delta h}{4t} \tag{9-3}$$

式中　q——流量（m^3/s）；

V——体积（m^3）；

t——气体推动皂膜通过标定区间所用的时间（s）；

d——皂膜管内径（m）；

Δh——标定区间的皂膜管上下限位间的竖直高度差（m）。

9.3.2 皂膜气体流量标准装置技术要求

依据JJG 586—2006《皂膜流量计检定规程》中规定，皂膜管的规格系列如下（mL）：10、15、25、40、60、100、150、250、400、600、1000、1500、2500、4000、6000。皂膜管规格与测量时间的相关参数见表9-3。皂膜管应用无色透明的硼硅玻璃制作，各部分接口应光滑。

表9-3 皂膜管规格与测量时间的相关参数

皂膜管规格/mL	10～100	150～600	1000～6000
最短测量时间/s	30～40	40～50	60

刻线部分：各规格皂膜管应有三条标称容积刻线（包括容积值），分别为零、半量程和全量程。皂膜管规格与刻线间的关系见表9-4。

表9-4 皂膜管规格与刻线间的关系

皂膜管规格/mL	刻线宽度/mm	刻线长度
10～1000	0.3～0.4	皂膜管直径的1/4
1500～6000	0.4～0.5	

9.3.3 国产BL5000皂膜流量计气体流量校准器介绍

图9-11所示为国产BL5000皂膜流量计气体流量校准器实物图，其参考技术指标如下：

1）标称流量范围：5.0mL/min～5000mL/min。

2）流量测量精度：≤±1%。

3）测量时间范围：0.1s～1200.0s。

4）待机时间：≥300h。

5）电池可充次数：>500次。

6）工作电源：8.4V直流电源。

7）使用环境：0℃～50℃；0～70%RH（无结露）。

9.3.4 国产HY-5320系列皂膜气体流量标准装置

图9-12所示为国产HY-5320系列皂膜气体流量标准装置实物图，其参考技术指标如下：

1）流量测量范围：默认10mL/min～2000mL/min，可根据用户需要配置不同规格皂膜管，将量程扩展至0.8mL/min～50000mL/min。

2）流量准确度：0.5%。

3）重复性：0.25%。

4）流量分辨力：0.001mL/min。

5）测量时间分辨力：0.001s。

6）大气压传感器测量范围为70kPa～110kPa，分辨力为0.01kPa，准确度优于±300Pa。

7）计前压力传感器测量范围为0.000kPa～ 2.500kPa，分辨力为0.001kPa，准确度优于±2.0%FS。

8）温度测量范围为0℃～50℃，分辨力为0.01℃，准确度优于±0.2℃。

9）工作环境温度：0℃～40℃。

10）工作电源：AC 220V±10%/50Hz。

图9-11　国产BL5000皂膜流量计气体流量校准器实物图

图9-12　国产HY－5320系列皂膜气体流量标准装置实物图

9.4　声速喷嘴流量测量标准装置

声速喷嘴流量测量标准装置是用精确度高一等级的标准器与被校验流量仪表串联的校验装置，让气体同时流过标准器和被检表，通过比较两者的示值达到校验或标定的目的。该装置可用于腰轮等容积式流量计和涡轮、涡街等速度式流量计的定检和周检。

声速喷嘴的最大特点就是当下游气体压力与上游气体压力之比小于临界压力比时，在声速喷嘴喉部的气体流速达到声速，不受稀有气体压力的影响。由于这一特性，声速喷嘴可以达到很高的准确度，其流出系数的重复性一般在0.15%以下，气体流量测量的准确度一般可以达到0.4%或者0.3%，甚至更高。它的流量特性非常稳定，在所有流量计量器具中，其检定周期最长，为5年。由于上述这些特性，声速喷嘴主要是作为流量装置的标准，用于传递工作用流量计。特别需要注意的是，当声速喷嘴的上游压力一定时，通过它的质量流量很难在大的范围改变，因此为了在标准装置上实现较多的流量点，常采用声速喷嘴组合的方法，因此在使用时要随时监测其是否达到临界条件，如果不能达到，则不能使用。这也是它在工业上使用受到限制的主要原因。

临界流装置即声速文丘里喷嘴和声速喷嘴，也称为临界流文丘里喷嘴和临界流喷嘴，它们的区别主要在于声速文丘里喷嘴类似于经典的文丘里管，在其喉部的后面连接的孔径逐渐扩大，由于前者的临界压力比只需 0.85 ~ 0.88，特别适用于有压气源标定等，因此其代替临界流喷嘴已成必然趋势（后者必须达到 0.528）。

国际标准化组织于 1990 年颁布了 ISO 9300《用临界流文丘里喷嘴测量气体流量》，要求依据 JJG 620—2008《临界流文丘里喷嘴检定规程》、JJG 643—2003《标准表法流量标准装置检定规程》，采用声速喷嘴作为标准表的负压法气体流量标准装置等进行设计、加工、制造、安装。

9.4.1　声速喷嘴流量测量标准装置原理

声速喷嘴结构原理如图 9-13 所示，喷嘴的喉部指的是孔径最小的部分，其后面的孔径是一个出口扩张段，p_1（下游压力）与 p_0（上游压力）的比值为节流压力比 β，当气体流过时，若保持温度和上游入口滞止压力 p_0 不变，逐渐降低下游出口背压，通过声速喷嘴的气体质量流量将逐渐增大，当下游出口背压降到某个程度时，出口的流速将达到声速，通过声速喷嘴的气体质量流量将到达一个极值，若继续降低出口背压，流速会稳定到声速不变，气体质量流量也将稳定在该极值不变，即达到了临界流状态（完全气体的一维、等熵流动）。将通过声速喷嘴的气体质量流量的极值称为临界流量，刚刚到达极值时的出口背压称为临界背压，它与入口压力 p_0 之比称为临界背压比。如果节流压力比 β 高于临界背压比，则通过声速喷嘴的流量不能保持稳定，也就达不到临界流状态。

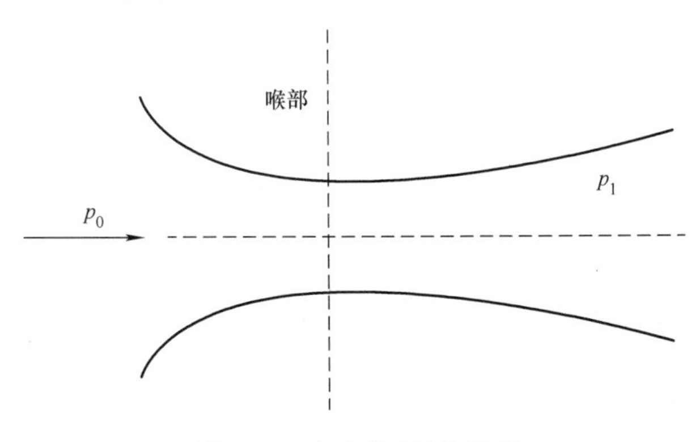

图 9-13　声速喷嘴结构原理

使用以声速喷嘴为标准表的气体流量标准装置的关键在于，声速喷嘴是否能够达到声速进入临界状态，当声速喷嘴达到临界流状态时，无论其上游入口端压力与出口压力比增大到什么程度，通过喷嘴的质量流量都只与其上游入口端压力和温度有关，而与其出口背压无关，并且通过喷嘴的流量可由当地大气压、喷嘴的截面积、喷嘴的其他参数等计算得到，此时通过喷嘴喉部的流速与风机抽气压力无关，只与当地大气压有关，相应的误差系数可通过比较喷嘴与流量计的流量得出。

一般在设计声速喷嘴时，都会有一个最大背压比，为了保证声速喷嘴在使用时能够达到临界声速的状态，在声速喷嘴出厂前都会对其进行标定，以检查其是否满足要求。只有标定的结果为该声速喷嘴的负压达到了 -40kPa，即背压比达到了 0.60，才能保证其在使用过程中能够达到临界状态。

由 ISO 9300 可知，实际条件下临界流文丘里喷嘴的质量流量 q_m(kg/s)为

$$q_m = \frac{A^* CC^* p}{\sqrt{(R/M)T}} \tag{9-4}$$

式中 C——流出系数，其值一般是通过经验公式计算得出，也可以对声速喷嘴进行实测，先计算出气体质量流量 q_m，然后代入式中求得；

T——声速喷嘴上游入口气体的热力学温度（K），通过测量得到，但测量位置的选取以及测量要求需要按照国际标准组织颁布的 ISO 9300 中的相关规定进行；

C^*——临界流函数（实际气体一维流的临界流系数），可通过 ISO 9300 附录中查询，同时也可以通过准确度已经得到验证的方法计算得出；

R——气体常数，其值为 8314.4J/(kmol·K)；

p——入口处的滞止压力，即声速喷嘴上游入口气体的绝对滞止压力，通过测量得到，与 T 相同，其测量位置的选取以及测量要求也需要按照国际标准组织颁布的 ISO 9300 中的相关规定进行；

M——气体的摩尔质量（g/mol），可通过查询气体摩尔质量表得到；

A^*——喷嘴喉部横截面积，为已知量，可以通过测量或者出厂系数得到。

对于声速喷嘴的体积流量可由质量流量除以密度得到，实现方法如下：

由 JJF 1240—2010《临界流文丘里喷嘴法气体流量标准装置校准规范》可得，声速喷嘴的瞬时体积流量 q_V 为

$$q_V = A^* CC^* \frac{p_0 Z T_m}{p_m \sqrt{M T_0 / R}} \tag{9-5}$$

式中 p_m、T_m——被检流量计处的压力和温度。

累积质量流量 $Q_m = q_m t$，累积体积流量 $Q_V = q_V t$，t 为检测时间段，即计量器所采样的时间值。

近 20 年来，国内外大量地采用临界流文丘里喷嘴作为气体流量标准装置的标准表，其已成为传递标准，在气体流量标准装置的使用结构型式主要有两种：正压法和负压法。

图 9-14 所示为负压装置的基本组成原理。大气是负压法的气源，在装置出口使用高压旋涡风机（即图 9-14 中所示的真空泵）制造负压从而使喷嘴符合临界条件。当声速喷嘴输入气压 p_0 不变时，在真空系统的作用下不断降低喷嘴的出口压力 p_1，当压力比 p_1/p_0 小于或等于临界压力比时，气体流量达到最大，此后再降低出口压力 p_1，则流量保持不变。在校验流量计的各种流量范围时，可相继打开不同喉径的声速喷嘴，也就是说每只标准表只对应一个流量点，这是该类装置准确度能够达到很高的一个重要原因。

采用该结构型式的一个优势是该结构比较简单，维护方便，因此成本会比较低廉，同时由于声速喷嘴质量流量与上游入口压力呈线性关系，而大气是负压法的气源，大气相对很稳定，这就构成了采用这种装置的另一个优势，但是由于不可能增大大气压力，所以采用该结构型式的标准装置的一个缺点就是如果想要扩大其流量范围就只能采取把工作管径扩大或者把声速喷嘴的数量增加的方式。采用该结构型式的另外一个缺点是由于与大气直接进行接

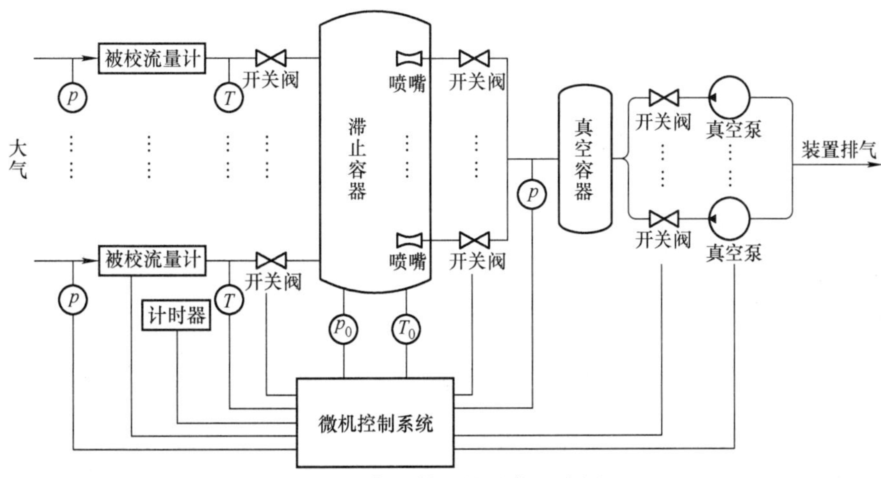

图 9-14　负压装置的基本组成原理

触，对大气没有进行处理，空气的质量（如湿度、粉尘含量等）在不同的环境下差异较大，这些因素都会对其测量产生影响，如空气湿度的变化会对临界流函数 C^* 产生影响，并需要修正气体的摩尔质量 M，同时会引起流出系数 C 的变化，同时它们三者之间也有相关性，如何处理这个问题也是一个难点。

图 9-15 所示为正压装置的基本组成原理。空气压缩机是正压法中气源的动力机械，被校流量计安装于试验管道上，然后连接至由两个前后汇管组成的标准表组（组成标准表的声速文丘里喷嘴的喉径尺寸各不相同），试验管道的气流由高压储气容器供应，打开对应流量的标准表（声速文丘里喷嘴）即可进行被校流量计的各流量点的校验，与上述负压法相同，每只标准表（声速文丘里喷嘴）只承担单点流量的校验，因而校验的准确度得以提高。与负压法相比，在使用相同数目声速喷嘴的条件下，该结构型式的标准装置可实现较大流量范围的测量，因为其采用空气压缩机作为气源机械可以很容易地调整上游入口压力，从而调整流过声速喷嘴的气体流量，同时其对大气进行预处理，可得到净化、干燥且稳定的气源，而不需要考虑其所带来的压力损失，避免了负压法中大气的洁净度和湿度对测量不确定度所带来的干扰，让诸如差压式流量计的各种试验得到了实现，但是正压法的结构远比负压法复杂，主要是因为其复杂的稳压调压温度控制系统，否则检定点的流量稳定性将得不到保证，同时复杂的稳压调压温度控制系统也带来了成本的大幅度提高和运行维护的难度。

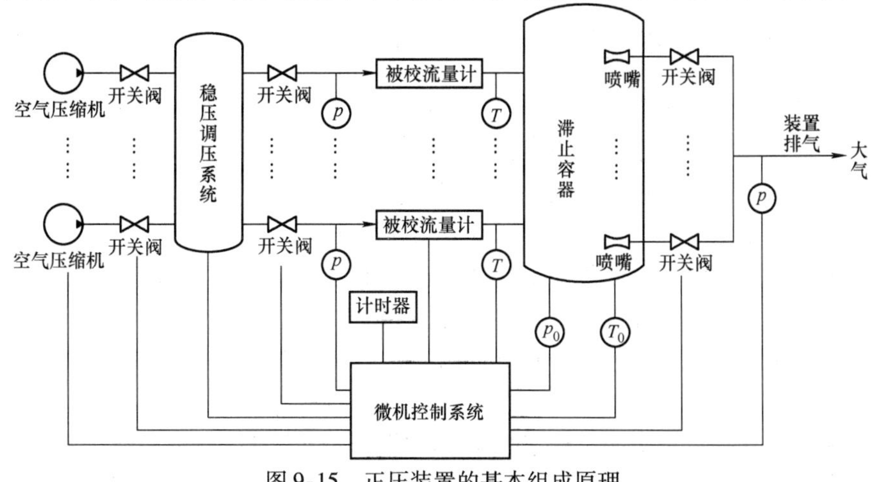

图 9-15　正压装置的基本组成原理

声速喷嘴流量测量标准装置实物图如图9-16所示。

图9-16 声速喷嘴流量测量标准装置实物图

声速喷嘴流量测量标准装置参考指标如下：

1）检测范围：$1m^3/h \sim 160m^3/h$。

2）准确度等级：0.5级。

3）重复性：<0.125%。

4）使用条件：环境温度-5℃～+50℃；相对湿度5% RH～85% RH；气源为洁净空气。

9.4.2 声速喷嘴流量测量标准装置的特点

声速喷嘴流量测量标准装置的特点如下：

1）无可动部件，标准表准确度高，可靠且稳定。

2）检定全过程自动化，快捷高效。

3）有自动工作方式和手动工作方式，以适应不同输出的被检测流量要求。

4）人机界面清晰，易于操作。

5）系统检定记录可存储，方便查找统计。

6）不受喷嘴上游流速分布影响，因此上游不需要很严格的直管段要求。

9.5 活塞式气体流量标准装置

活塞式气体流量标准装置是容积法装置的另一种类型。由于采取了一系列的技术措施，活塞式装置比钟罩式性能有很大的改进，它的工作压力可达100kPa（表压），但是为了保证活塞运动的平稳与速度的均匀，其排量受到很大的局限。目前国内有报道的活塞式气体流量标准装置的流量范围为$0.009m^3/h \sim 0.6m^3/h$，不确定度为0.05%（$k=2$）。

活塞式气体流量标准装置检定流量计属于容积法的一种，可以采用排气法和进气法。排气法是气体标准装置排出气体流入流量计，进气法则是气体由气源经过流量计流入气体标准装置。

9.5.1 活塞式气体流量标准装置的组成及原理

活塞式气体流量标准装置主要由编码器、步进电动机、减速器、联轴器、滚珠丝杠、活塞、活塞缸、温湿度传感变送器和检定控制系统等结构组成，如图9-17所示。活塞缸体的底部设有进气和出气管道，均可由电磁气动阀控制通断。检定时，步进电动机按照检定要求计算出来的速度向下运动，经减速器、联轴器驱动滚珠丝杠，带动活塞向下运动，产生检定需要的标准流量。活塞返回时，外部空气经活塞缸体底部的进气端口进入活塞缸内。

活塞式气体流量标准装置用作膜式燃气表检定时，活塞缸体底部的出气管道连接到检定台架上，在每台膜式燃气表的进气端和出气端之间安装有差压变送器，每台膜式燃气表配备一台光电采样器。

标准气流经出气管道依次流过检定台架上的膜式燃气表，下位机根据要求的检定体积确定检定光电脉冲数，当第一个有效光电脉冲到来时，开始记编码器所反馈的脉冲数，光电脉冲计数终止时，停止编码器脉冲计数，计算出期间的有效编码器脉冲数。上位机根据检定期间活塞内的温度和压力以及每个膜式燃气表进出口端的差压、室内的温度和压力、有效编码器脉冲数计算出标准体积，完成膜式燃气表示值误差和压损的检定。

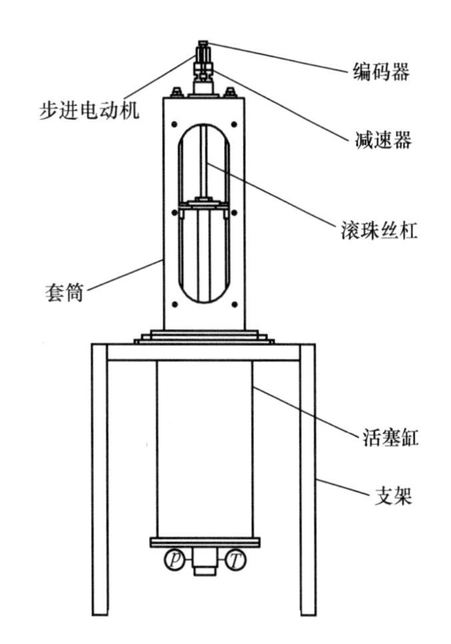

图 9-17　活塞式气体流量标准装置结构示意图

活塞式气体流量标准装置排出的体积是根据编码器反馈的脉冲数和活塞缸体的直径计算得来的，计算公式为

$$V_{Si} = \frac{N_i}{n}\frac{\pi d^2}{4} l \times 30^3 \quad (i \leqslant 4) \tag{9-6}$$

式中　V_{Si}——标准气体通过的第 i 只膜式燃气表检定过程中标准装置排出的气体体积（dm^3）；

N_i——第 i 只膜式燃气表检定过程中编码器反馈的脉冲数；

n——转动一周编码器反馈的脉冲数；

d——活塞缸体的直径（m）；

l——滚珠丝杠的导程（m）。

9.5.2　活塞式气体流量标准装置的特点

活塞式气体流量标准装置的特点如下：

1）准确度高。标准体积值准确，仅受活塞下降距离和缸体直径等因素影响。

2）稳定性好。流量稳定，内压力稳定。

3）重复性好。仅受缸体面积大小、密封圈变形和光栅测量重复性等因素影响，且这些因素的影响微乎其微。

4）流量点易于调节控制。由于恒流，然后凭借流体本身特性达到恒压，这是其产生流量的原理。

9.5.3　国内外活塞式气体流量标准装置介绍

1. 中国计量科学研究院的活塞式气体流量标准装置

图 9-18 所示为中国计量科学研究院的活塞式气体流量标准装置实物图，其相关技术指标如下：

1）流量范围：$0.5m^3/h \sim 50m^3/h$。

2）不确定度：$U=0.05\%$（$k=2$）。

3）重复性：$<0.01\%$。

4）工作压力：绝压 160kPa。

2. 国内某厂家活塞式气体流量标准装置

图 9-19 所示为国内某型号活塞式气体流量标准装置实物图，其相关技术指标如下：

1）标称容积：100L、5L 双活塞。

2）流量范围：0.016m^3/h ~ 6m^3/h。

3）扩展不确定度：U=0.05%（k=2）。

4）最大工作压力：10kPa。

3. 瑞士 METAS 活塞式气体流量标准装置

图 9-20 所示为瑞士 METAS 活塞式气体流量标准装置实物图，其相关技术指标如下：

1）测量范围：6L/h ~ 9000L/h。

2）有效容积：6L、150L。

3）扩展不确定度：U=0.05%（k=2）。

4）密封液：汞。

5）工作压力：10kPa。

图 9-18 中国计量科学研究院的活塞式气体流量标准装置实物图

图 9-19 国内某型号活塞式气体流量标准装置实物图

图 9-20 瑞士 METAS 活塞式气体流量标准装置实物图

4. 德国 PTB 活塞式气体流量标准装置

图 9-21 所示为德国 PTB 活塞式气体流量标准装置实物图，其相关技术指标如下：

1）测量范围：0.2L/h ~ 200L/h。

2）扩展不确定度：U=0.25%（k=2）。

3）密封液：汞。

4）测量时间：30s～600s。

图9-21 德国PTB活塞式气体流量标准装置实物图

9.6 标准表法气体流量标准装置

所谓标准表就是标准流量计，将性能优良的流量计作为标准计量器具，用于检定其他流量计被检表。标准表法的工作原理是基于连续性方程。标准表与被检表串联于管道中，当流量稳定时，流过标准表的质量流量等于流过被检表的质量流量，比较两表的指示值（必要时加以状态修正），就得出被检表的示值误差。

标准表法气体流量标准装置在国外很久以前就已被广泛使用，在我国是最近几年逐渐流行起来。标准表法气体流量标准装置可以按照气源系统、气流回路系统及标准表系统三个层次来进行分类。其中按照标准装置气源系统的类型，可以将装置分为正压法和负压法两种类型。不同的气体流量计的特性在不同的气体介质及压力下有较大的差异，该差异与流量计仪表的检测原理有关。使用正压法气源系统的标准装置能够得到压力较高并且压力可变的气源，该类型标准装置能够实现高压条件下气体流量计的检定和校准；使用负压法气源系统的标准装置气源约等于常压，该标准装置能够实现常压条件下气体流量计的检定和校准。气体流量标准装置气源系统采用正压法时，是采用空压机以及稳压容器或使用其他的方法将高压气体注入检定管道中，检定用的高压气体在标定管道中循环或进入下游管路。气体流量标准装置气源系统采用负压法时，装置以大气为气源，使用风机或者真空泵形成负压，气体由前端管道吸入，经过标准表及待检表，最终由风机或真空泵排入大气。负压法气体流量标准装置气源稳定系统非常简单，能耗低、投资少，是目前国内各检测机构及仪表厂家气体流量标准装置最常用的方法。

气源系统为正压法的气体流量标准装置按照气流回路系统分类，可以分为开环式和闭环式两种类型。标准装置气源采用闭环式时，检定管道呈闭环式，检定气体在管道中循环。开环式也称为在线式，目前依托于天然气输送站所建立的气体流量标准装置一般都采用这种方式，天然气流经检测管道后，进入下游管道。气体流量标准装置的标准表的种类繁多，主要包括速度式流量计、临界流流量计和容积式流量计等。有时会将两种或两种以上不同类型的气体流量计作为标准装置的标准表，称为组合式。

9.6.1 标准表法流量标准装置工作原理

标准表法流量标准装置是用标准流量计与被检流量计串联，用比较法达到校准流量计的目的。这种比较大多是在使用现场，也可以不在现场。标准表是经过流量标准装置预先校准过并确定了准确度的。标准表被称为装置是因为其前后一般都附带了规定长度的直管段和其他附加部分。该方法原则上对液体和气体都适用，但实际上用于气体时，常要附加多路压力和温度测量，技术上要复杂一些。

标准表法流量标准装置一般由泵、试验管路系统、标准流量计、被检流量计、温度和压力传感器等组成。通过流体连续方程可知，在一定时间内，串联在同一管道上的流量计，其流体累计容积是相等的。那么，当流量稳定时，以标准流量计为标准表，分别对被检和标准两处的温度、压力进行测量，比较两者的输出流量值，就能确定被检流量计的计量性能。标准表法流量标准装置在使用过程中，要比其他方法的结构更简单，效率更高，而且由于其一条试验管路可以用一台或并联的多台标准流量计，所以此类标准装置有较宽的流量范围。

9.6.2 标准表法流量标准装置的结构

标准表法流量标准装置的标准表部分可以由单台标准表构成，也可以由多台标准表并联组成，一般采用的是重复性好的罗茨流量计和涡轮流量计。为了满足设计指标要求，结合各类流量计的特点，可以采用两种流量计并联做标准表的方式，这种方法既能扩大标准装置的流量范围，又能极大地提高工作效率。

1. 一台标准表串联比较法

一台标准表串联比较法的原理示意图如图 9-22 所示。标准流量计 7 上游的整流器 5 的作用是减少直管段 6 的长度。为了保证比较校准的准确度，应尽量使标准表被校时与用标准表校被检流量计时的连接条件一致；该方法最终确定被检流量计的准确度时，标准表的误差往往是不可忽略的。

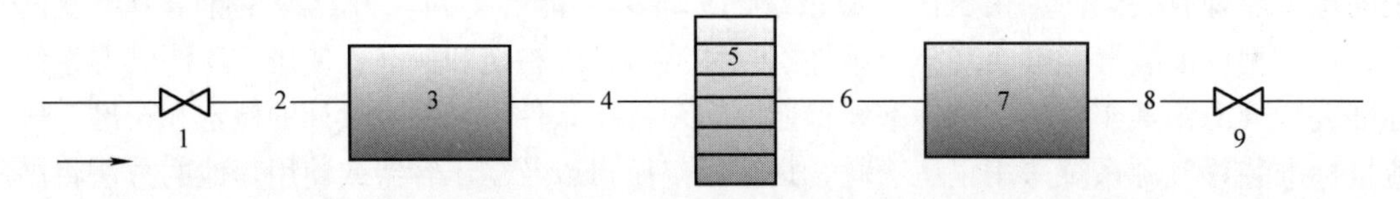

图 9-22 一台标准表串联比较法的原理示意图

1、9—阀门 2、4、6、8—直管段 3—被检流量计 5—整流器 7—标准流量计

2. 多台标准表并联与被检流量计串联比较法

多台标准表并联与被检流量计串联比较法的原理示意图如图 9-23 所示。该方法的主要优点是可以扩大流量校准范围，从而使原来不能校准的流量较大的被检流量计得以校准，因为多台标准表的指示流量之和等于被检表的流量。

一般来说，该方法中每台标准表的测量范围都较窄，从而可以保证线性和较高的准确度。有关分析表明：并联标准表的未知系统相对误差不大于该系统中最不准确的那个标准流量计的系统相对误差；在计量学方面以并联方式连接起来的一组标准表最低限度也能和单台

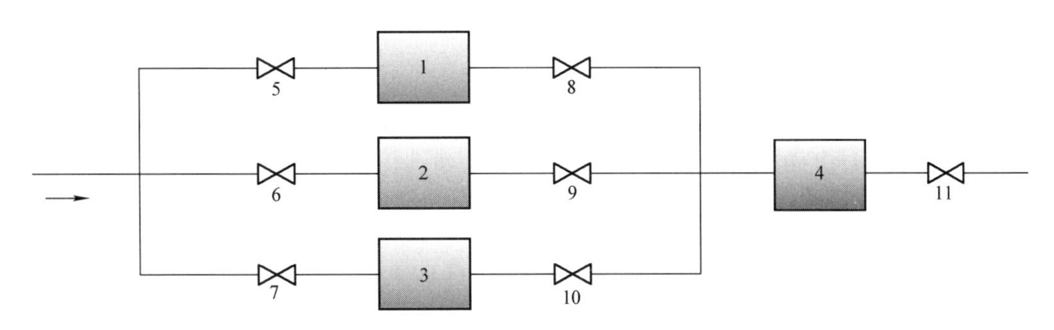

图 9-23　多台标准表并联与被检流量计串联比较法的原理示意图
1、2、3—标准流量计　5～11—阀门　4—被检流量计

标准流量计一样可靠，即并联并不降低测量准确度；并联的每个标准表并不要求其测量范围都是相同的。

3. 流量控制系统

不同流量计对流体的流量有一定的要求，因此当流体通过流量计时，需要对气体流量进行控制。流量控制系统有两种方式，一种为使用交流异步电动机，通过加装变频器而改变频率，控制风机的转速，从而达到控制流量的目的；另一种为在管道上加装调节阀，通过控制其阀门的开度大小而控制气体的流量。不管使用哪种流量控制系统，对控制气体流量标准装置的气体流量都有着重要作用。

4. 管路系统

管路系统连接整个标准装置的所有硬件，安装时接口处需使用螺栓加装弹簧垫圈，并在两端管道采用橡胶垫圈密封连接，从而防止漏气现象的出现。气源管路与标准表管路之间单独使用柔性接头连接，能有效降低由风机转动引起机械振动的传导。被检流量计管路配置足够长的前后直管段，被检流量计与任何上游部件的距离为公称通径的 20 倍，与任何下游扰动部件的距离为公称通径的 10 倍；同时，为了达到有效减少流阻、降低噪声的目的，将管道进出气口都做成喇叭口。

9.6.3　涡轮流量计气体流量标准装置示例

涡轮流量计气体流量标准装置如图 9-24 所示。风机产生负压，空气由被检流量计管路入口吸入，在相同时间内，气体连续经过被检流量计管路和所选定标准表管路，将标准涡轮流量计测量的空气体积换算到被检流量计工况条件下的体积量，与被检流量计输出值进行比较，实现对被检流量计的检定或校准。

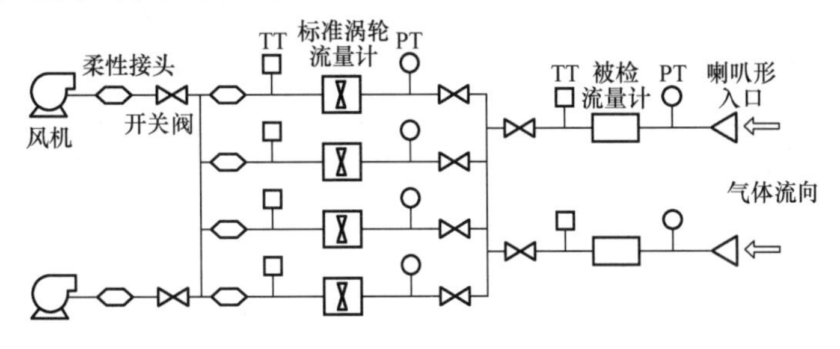

图 9-24　涡轮流量计气体流量标准装置

流过标准涡轮流量计的标准状况体积为

$$V_s = \frac{Np_s T_n Z_n}{kp_n T_s Z_s} \tag{9-7}$$

式中 V_s——流过标准涡轮流量计的标准状况体积（m^3）；

N——标准表的脉冲数，无量纲；

k——标准表的仪表系数（$1/m^3$）；

p_n、T_n、Z_n——标准状况下空气的绝对压力、热力学温度和压缩系数，且 p_n = 101325Pa、T_n = 293.15K、Z_n = 1；

p_s、T_s、Z_s——工况条件下标准表处空气的绝对压力（Pa）、热力学温度（K）和压缩系数，常压下 Z_s = 1。

流过被检流量计的标准状况体积为

$$V_t = V_m \frac{p_m T_n Z_n}{p_n T_m Z_m} \tag{9-8}$$

式中 V_t——流过被检流量计的标准状况体积（m^3）；

V_m——工况条件下流过被检流量计的体积（m^3）；

p_m、T_m、Z_m——工况条件下被检流量计处空气的绝对压力（Pa）、热力学温度（K）和压缩系数，常压下 Z_m = 1。

由质量连续性原理，可得

$$V_s \rho_n = V_t \rho_n \tag{9-9}$$

式中 ρ_n——标准状况下空气的密度。

则工况条件下，流过被检流量计的体积为

$$V_m = \frac{Np_s T_m}{kp_m T_s} \tag{9-10}$$

从而得到被检流量计的示值误差 δ 为

$$\delta = \frac{V_1 - V_m}{V_m} \times 100\% \tag{9-11}$$

式中 V_1——被检流量计输出的工况体积（m^3）。

图 9-25 所示为涡轮流量计气体流量标准装置实物图。

图 9-25 涡轮流量计气体流量标准装置实物图

9.6.4　标准表法流量标准装置的特点

标准表法流量标准装置的优点是，经济、简单、方便，不需要花高昂费用去建立一次流量标准装置，只需定期把标准流量计拿到上一级标准装置处去校准即可。其主要缺点是，标准流量计依赖于上一级标准装置，其校准的被检流量计的准确度比一次流量标准装置校准的准确度要差。

9.7　钟罩式气体流量标准装置

钟罩式气体流量标准装置是检定气体流量传递标准和气体流量仪表的主要设备之一，在国内外已大量使用。这种装置的工作压力一般小于 10000Pa，其最大流量由钟罩的体积及测试技术决定，目前国内定型产品的钟罩容积有 50L ~ 10000L 之间多种规格，测量的最大流量可达 45000m^3/h，装置准确度一般优于 ±0.5%，最高可达 0.2%。

钟罩式气体流量标准装置是国内计量行业中使用最为频繁的标准器具，它可用于膜式燃气表、浮子流量计、腰轮流量计、湿式气体流量计和皂膜流量计等多种流量仪表的检定，是检定气体流量仪表和次级标准的主要器具之一。但它的缺点也极为明显，由于钟罩的液槽内部充满了起密封作用的油或水，使得用于检定的气体湿度比较大，而且由于充满的油或水的存在，极大地增加了温度修正的复杂性，使得检定的准确度不能达到很高的要求。

钟罩式标准装置属于容积式标准装置，可变的容器由固定的液槽和可动的钟罩构成，通过压力补偿机构，可以实现钟罩下降过程中内部压力的恒定，钟罩置换的气体通过管道流经被检流量计，实现检定的功能。以钟罩上升，流向钟罩内部气流作为检定气流的钟罩式标准装置称为进气式；以钟罩下降，钟罩内部流出气体作为检定气体的钟罩式标准装置称为排气式，实际生产、生活中，排气式的钟罩标准装置较多。

钟罩式气体流量标准装置是一种比较古老的气体装置，在压力不高、流量不大的情况下，该装置是比较简便的。钟罩式气体流量标准装置的结构和工作原理各种各样，但主要结构和原理基本相同，只是某个部件或者环节上有差别。

9.7.1　钟罩式气体流量标准装置的结构及原理

钟罩式气体流量标准装置是气体流量标准装置的主要型式之一，也是使用最为广泛的气体流量标准装置。它的工作压力较低（一般小于 10kPa），准确度稍显偏低（多为 0.5 级），准确度等级越高，要求越严格。钟罩的准确度等级见表 9-5，准确度等级为 0.2 级或 0.2 级以上的装置检定后应有详细的不确定度分析。

表 9-5　钟罩的准确度等级

装置准确度等级	装置流量测量不确定度 U（$k=2$）	压力/Pa	温度/℃
0.2 级	≤0.2%	≤20	≤0.2
0.5 级	≤0.5%	≤50	≤0.5
1.0 级	≤1.0%	≤50	≤1.0

按钟罩升降的传动方式，钟罩装置可分为机械传动式和气动式，一般大钟罩采用气动

式；按液槽内是否有干槽，钟罩装置可分为湿式和干式两种。钟罩式气体流量标准装置的结构如图 9-26 所示，它主要由钟罩、液槽、平衡锤和补偿机构组成。

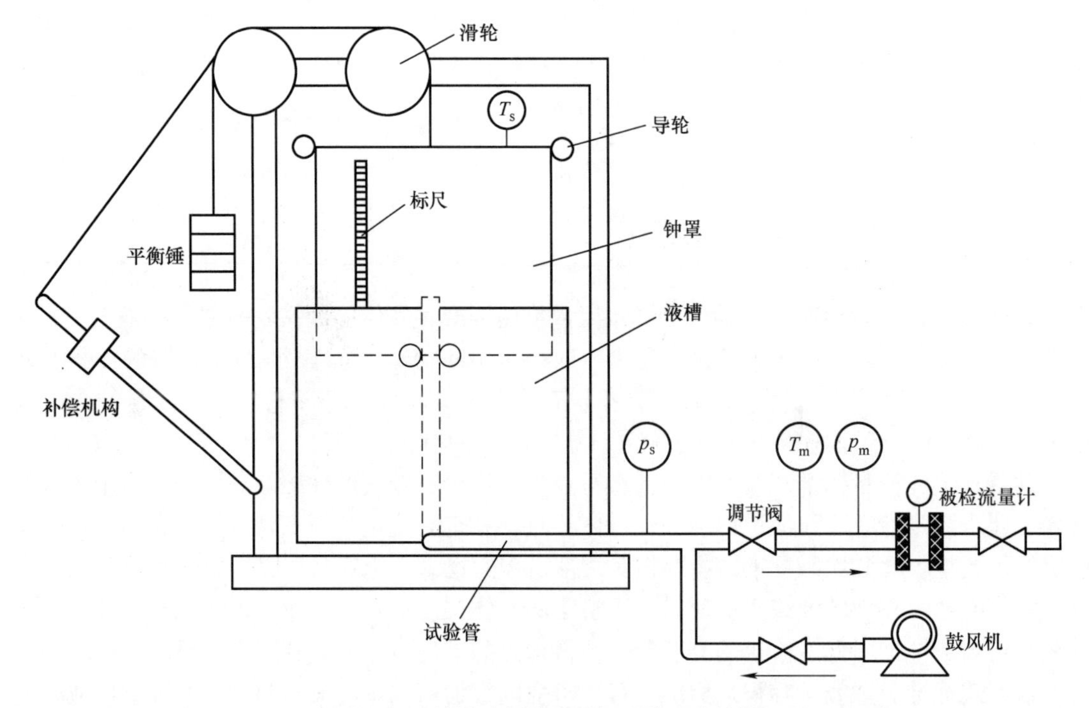

图 9-26　钟罩式气体流量标准装置的结构

钟罩式气体流量标准装置是以经过标定的钟罩有效容积为标准容积的计量仪器，当钟罩下降时，钟罩内的气体经过试验管流向被检表，以钟罩排出的气体标准体积来校验流量仪表。

为了保证在一次校验中，气体以恒定的流量排出钟罩，钟罩内应该有一个恒定的压力源，它是利用钟罩的重量超过平衡锤重量的常数而产生的（所以也称为钟罩余压），并利用补偿机构使得余压不随钟罩浸入液槽中的深度而改变，从而保证了钟罩内工作压力的恒定。所以，钟罩式气体流量标准装置本身就是一个恒压源并能给出标准容积的装置。当需要不同的工作压力时，可通过增减平衡锤的砝码来实现，平衡锤的砝码加得越多，钟罩内的工作压力就越低。

补偿机构是为了补偿钟罩内压力受密封液浮力影响的机构，目前常见的有链条式补偿机构、杠杆式补偿机构和象限式补偿机构等几种，国内钟罩装置主要采用象限式补偿机构。

传统钟罩式气体流量标准装置（图 9-27）是低压气体流量标准装置，一般工作压力小于 10kPa，装置的准确度最高可达 0.2%，因此它只适合校准低压和低压损气体流量计，如煤气表、部分气体浮子流量计等。

随着新型钟罩本体测量手段的应用和软件设计，实现了钟罩有效容积段内任一点启停测量；温压测量点的设置体现了钟罩内部气体的真实形态；浮力补偿机构的精细化，保证了钟罩升降过程中压力波动控制在 10Pa 以内；新增液位平衡机构，保证了钟罩升降过程中液面保持不变，便于钟罩的检定和使用；强制导向机构的改进便于钟罩的安装、调整；位移测量机构的设计增加了自身校准功能，随时剔除粗大误差，实现钟罩下降高度的准确测量。图

9-28 所示为现代钟罩式气体流量标准装置。

图 9-27　传统钟罩式气体流量标准装置

图 9-28　现代钟罩式气体流量标准装置

9.7.2　钟罩式气体流量标准装置的特点及特征参数

在符合要求的使用环境条件下，钟罩装置具有标准体积准确、重复性好、内压稳定、流量稳定等优点；扩展不确定度一般为 0.1% ~0.5% （$k=2$），钟罩余压在 1000Pa ~ 5000Pa 之间，压力波动在 10Pa ~ 50Pa 之间。

钟罩的关键部件是指与钟罩计量性能相关的机械结构。关键部件的设计主要是控制钟罩体积和钟罩运行过程的余压波动。钟罩的测量体积在机械结构中主要指主体结构设计、加工精度，分为钟罩罩体、密封液和液槽三部分；钟罩余压波动则涉及钟罩运行过程控制的相关结构，包括液位平衡机构、浮力补偿机构、导向机构和钟罩质点调节机构。

9.8　天然气实流检测循环装置

天然气流量计广泛应用于天然气开采、过程处理、供销双方的贸易结算计量以及天然气居民用户的结算计量等场所，同时天然气流量计量也是内部过程控制、节能降耗等生产过程的重要参数。天然气流量的监测与控制准确与否，直接关系到生产质量、生产效率、能源利用以及企业的经济效益。面对我国近年来对天然气爆炸性需求的局面，天然气作为大宗商品的准确计量，必须切实解决天然气流量量值溯源准确和统一的问题。

严格地讲，在线实流检定的基本特征是流量仪表在检定和实际使用过程中的安装、使用等条件相一致。流量仪表的离线检定结果只能说明其在检定条件下的计量特性，当实际使用现场的安装条件、操作条件、环境条件不同于检定条件时，其计量性能会有所变化，会给流量测量结果带来附加的误差。只有在线实流检定才能实现真正的流量仪表校准或赋值，因为只有此时的校准或赋值才真正计入各种因素对流量仪表性能的影响，才能保证量值传递链或溯源链的连续和封闭。

随着国内外实流检定技术的成熟，天然气流量量值溯源正逐步向实流检定方向发展，即以实际天然气介质、在接近实际现场工况等条件下对流量的分参数如压力、温度、气质组分和流量总量进行动态量值溯源。

9.8.1 国内外天然气实流检测设备的现状

人们从重视干标法逐步过渡到实流检定的思维模式——重视量值溯源与量值传递工作，相继出现许多实流检定实验室，如美国科罗拉多工程实验室（CEESI）、美国西南研究院（SwRI）、荷兰国家计量研究院（NMI）、加拿大标定站（TCC）、德国天然气检测站（Pigsar）、英国国家工程实验室（NEL）、日本国家计量研究院（NRLM）。

1996 年，国家原油大流量计量站四川华阳计量分站建成，该站拥有 mt 原级标准装置（总不确定度为 0.1%）和从美国 CEESI 引进的临界流声速喷嘴次级标准装置（总不确定度为 0.25%），具备天然气流量实流检定条件；重庆市流量产（商）品质量监督检验站的天然气实流标准装置（一级标准：pVTt 法气体流量标准装置，二级标准：声速喷嘴组件并联法气体流量标准装置）可用于标定声速喷嘴，检测口径为 ϕ25mm ~ ϕ250mm，工作压力为 0MPa ~ 1.2MPa，流量范围为 14m^3/h ~ 2150m^3/h；国家原油大流量计量站（大庆）的移动式声速喷嘴标定车的压力为 1.6MPa，管径 DN200，流量为 90000m^3/h，计量分站新购置的移动式气体超声流量标定车的压力为 6.4MPa，管径 DN600，工况流量为 800m^3/h ~ 8000m^3/h；西气东输南京分站正在建立高压实流检定装置，其压力为 4.0MPa、流量为 100m^3/h ~ 16000m^3/h；河南中原油田天然气产销厂柳屯配气站，其压力为 1.2MPa，管径 DN100，流量为 1000m^3/h。

目前国内流量计生产厂家所使用的检定设备，绝大部分采用空气介质进行检定，极少数使用氮气检定，无论使用正压或负压装置，检定压力基本上处于大气压附近，与流量计使用时所处的工况条件相距很大，尤其在天然气管道上使用时，各类仪表由于计量原理的不同，贸易交接时很难产生一致的结果，容易造成计量误差，产生计量纠纷；国内只有极少数地方具有天然气实流检测的能力，且都建在天然气门站附近，利用门站的输气管线之间的压差，建立动态检定系统，气源依靠管道输送的气体，与用户使用的气体组分存在着差别，并且检定时气体组分随时可能发生变化，严格意义上讲，检定的结果存在一些不确定的因素。

综上原因，也有部分国内标准装置厂商建设有天然气实流检测循环装置，可以脱离需要门站气源的限制，按照用户使用的气体、工况条件对系统进行调温、调压、调节流量，达到在线检定的要求；在调压、流量调节、气体循环等方面，突破了现有依靠管道气源或采用压缩机的方法，达到了大流量、节能、投资少、噪声低、气体可更换、操作简单的特点，适用于燃气和绝大部分工业气体的测试。

9.8.2 天然气实流检测循环装置示例

下面以国内某厂商建设完成的一套天然气实流检测循环装置（图 9-29）为例进行介绍。

1. 设计指标

1）介质：各种气体（氢气、乙炔除外）。

2）压力控制范围：0MPa ~ 1MPa（相对压力）。

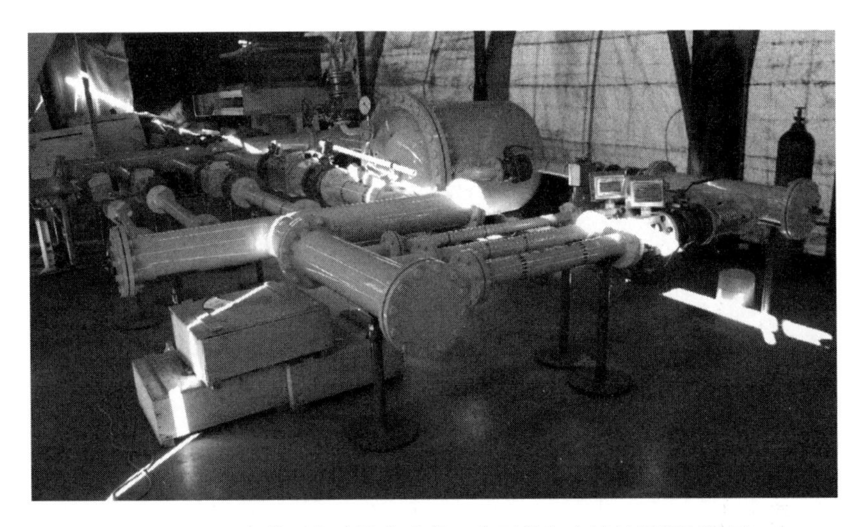

图9-29 国内某厂商建设完成的一套天然气实流检测循环装置

3）压力控制精度：±0.1kPa。

4）温度范围：环境温度，精度为±1.0℃。

5）常压状态流速调节范围：0m/s～25m/s，标方流量：$0m^3/h$～$800m^3/h$。

6）全压状态流速调节范围：0m/s～15m/s，标方流量：$0m^3/h$～$3500m^3/h$。

7）风机功率：3.5kW。

8）被检测流量计口径：DN40～DN150。

9）系统配备温度、压力显示、流量计算及被检表采样计算和打印数据。

10）整套系统常压容积为$2m^3$。

2. 系统结构

（1）循环系统　由缓冲罐、直管段、弯管、波纹管、轴流风机、整流器、球阀、标准表、被检流量计和变径管等组成的密封系统。

（2）测量系统　由三台精度为0.3级的涡轮流量计、温度变送器、压力变送器、压力表和被检流量计等组成。

（3）控制系统　由空气压缩机、加热器、制冷器、恒温装置、变频器和各种阀门等组成。

（4）配气系统　由真空气泵、减压阀、过滤器、氮气瓶、天然气瓶及各种工业气瓶组成。

3. 特点

1）可离线运行。离线运行，不依托于管线，可通过气瓶进行天然气置换，也可以针对不同地区的气体组分对仪表进行模拟检测。

2）压力可调。可参考应用现场的压力，对气体压力进行调整，模拟现场的压力波动情况对流量计进行检测。

3）适用性强。设备流量调节范围宽，涡轮流量计、涡街流量计、气体腰轮流量计、均速管流量计、质量流量计和超声波流量计等都可在本装置上进行实验测试；经测试，能够很好地适用于检测城市输气管线上现有的各种气体流量仪表。

4）可扩展进行温度适应性测试。可增加温度调节设备控温，扩展进行流量计的温度适应性测试等。

应用该实流检测系统对某系列超声波流量计进行了以下测试：测试影响量情况，改变气体压力、气质，取样不同环境温度下的特征参数，经过测试，验证了该天然气实流检测循环装置的实用性及良好的可操作性；经压缩天然气、液化天然气、液化石油气、氩气、氮气和丙烷等气体测试，验证了对于热分布式热式流量计的气体转换系数，不能用一个数值来表示，气体转换系数是随流速变化的一个非线性函数，对于其他气体的测试，有待进一步研究。

第 10 章　燃气能量计量

10

传统的燃气结算方式是以体积为计量单位进行的，而燃气作为混合气体，有可燃成分，也有不可燃成分，燃气的热值（发热量）是不断变化的，从科学公平计量的角度看，燃气计量采用能量计量比体积计量更加合理，有利于准确计量、体现公平、减少结算纠纷和燃气行业的健康发展。

目前，燃气能量计量也主要表现在天然气的能量计量方面。天然气作为一种重要的清洁能源，已广泛应用于国民生产和生活的各个领域。目前，在世界能源消费结构中，天然气消费占能源消耗总量的比例不断升高，随着天然气贸易的持续扩大，对天然气计量方式的要求也越来越高。天然气能量计量已成为目前国际上天然气贸易和消费计量与结算的发展趋势，发达国家于 20 世纪 90 年代建立了较为完善的天然气贸易计量法规、标准和检测方法。其中，美国是世界上实施天然气能量计量最早的国家。1980 年以前使用体积计量，1980 年起开始采用能量计量，计价单位为美元/mmBTU㊀。

我国已于 2008 年颁布了 GB/T 22723—2008《天然气能量的测定》，为城市燃气的准确计量提供了依据和标准。2019 年 5 月 24 日，我国国家发展和改革委员会、国家能源局、住房和城乡建设部、国家市场监督管理总局联合印发了《油气管网设施公平开放监管办法》（发改能源规〔2019〕916 号，以下简称《办法》）。此次发布的《办法》，在天然气计量方式上有了新的突破，首次规定了天然气使用热值的新计量方式，即能量计量方式。《办法》中第十三条特别明确了建立天然气能量计量计价体系的要求。提出门站等天然气批发环节应以热量作为贸易结算依据；暂不具备热值计量条件的，应于《办法》实施之日起 24 个月内实现热值（能量）计量。

天然气能量计量其实就是在体积测量的基础上，再测量天然气发热量，用天然气单位体积的热量乘以天然气体积，以获得流经封闭管道横截面的天然气总能量。经过国内一段时间的天然气能量计量配套技术研究，以及国外先进的在线气相色谱仪和流量计算机技术引入，目前我国已基本具备推行天然气能量计量的基础条件。我国将持续扩大天然气国际贸易，计量方式必须接轨国际，才能在同一个平台上展开对话。

10.1　化学计量与燃气组分

化学是研究物质组成、结构及其变化的科学，化学计量是指对各种物质的成分和物理特性、基本物理常数的分析测定。化学测量采用相对测量，通过标准物质传递量值。气体的化

㊀ mmBTU 为 million British Thermal Units 的缩写，代表百万英热单位 。

学计量通过标准物质、标准方法和标准数据等手段进行量值传递和溯源。燃气是一种多组分混合气体，由于来源不同，各组分及含量也存在差异，其燃烧产生的能量也不同。燃气气体混合物的化学组成涉及化学计量，对燃气组分进行科学的测定，可以获得准确的燃气热值数据，这也是能量计量过程的一部分。

10.1.1 物质的量的含义

物质的量是国际单位制中7个基本物理量之一。物质的量是一个物理量，它表示含有一定数目粒子的集体，用符号 n 表示。它是把一定数目的微观粒子与可称量的宏观物质联系起来的一种物理量。

物质的量的单位为摩尔，简称摩，符号为 mol。国际上规定，1mol 为精确包含 $(6.0221367 \pm 0.0000036) \times 10^{23}$ 个原子或分子等基本单元的系统的物质的量。即摩尔是一系统的物质的量，该系统中所包含的基本单元数与0.012kg 碳12的原子数目相等。

因此，在使用摩尔时应指明基本单元是原子、分子、离子及其他粒子，或是这些粒子的特定组合。摩尔可用来代表特定数目的粒子，也可用来代表以克为单位的特定质量。1mol 的物质具有的结构粒子数应是阿伏伽德罗常数，如1mol 铜原子等于 6.02×10^{23} 个铜原子，1mol C—C 键等于 6.02×10^{23} 个 C—C 键。摩尔代表物质的1克式量，如1mol Fe 的1克式量 = 55.85克，1mol CO_2 的1克式量 $= 12.01\text{g} + 2 \times 16.00\text{g} = 44.01\text{g}$。

10.1.2 气体含量的表示

根据国家标准规定，气体含量有以下六种表示方法。

1. 气体的质量分数 w_B

气体B的质量与混合气体中各组分的质量总和之比为气体B的质量分数 w_B，即

$$w_B = \frac{m_B}{\sum_{i=1}^{n} m_i} \tag{10-1}$$

式中 w_B——气体B的质量分数，量纲为1；
m_B——混合气体中气体B的质量（g）；
m_i——混合气体中某个组分气体的质量（g）。

2. 气体的质量摩尔浓度 b_B

气体B的物质的量 n_B 除以混合气体的总质量为气体B的质量摩尔浓度 b_B，即

$$b_B = \frac{n_B}{m_A} \tag{10-2}$$

式中 b_B——气体B的质量摩尔浓度（mol/kg）；
n_B——标准气体中气体B的物质的量（mol）；
m_A——标准气体的总质量（kg或g）。

3. 气体的物质的量浓度 c_B

气体B的物质的量 n_B 除以混合气体的体积为气体B的物质的量浓度 c_B，即

$$c_B = \frac{n_B}{V} \tag{10-3}$$

式中　c_B——气体B的物质的量浓度（mol/m^3或mol/L）；

n_B——混合气体中气体B的物质的量（mol）；

V——混合气体的体积（m^3或L）。

4. 气体的摩尔分数 x_B

气体B的物质的量n_B与混合气体中各组分的物质的量总和之比为气体B的摩尔分数x_B，即

$$x_B = \frac{n_B}{\sum_{i=1}^{m} n_i} \tag{10-4}$$

式中　x_B——气体B的摩尔分数，量纲为1；

n_B——混合气体中气体B的物质的量（mol）；

n_i——混合气体中某个组分气体的物质的量（mol）。

5. 气体的体积分数 ψ_B

气体B的体积与混合气体的总体积之比为气体B的体积分数ψ_B，即

$$\psi_B = \frac{V_B}{\sum_{i=1}^{n} V_i} \tag{10-5}$$

式中　ψ_B——气体B的体积分数，量纲为1；

V_B——混合气体中气体B的体积（m^3）；

V_i——混合气体中某个组分气体的体积（m^3）。

6. 气体的质量浓度 ρ_B

气体B的质量m_B除以混合气体的体积为气体B的质量浓度ρ_B，即

$$\rho_B = \frac{m_B}{V} \tag{10-6}$$

式中　ρ_B——气体B的质量浓度（kg/m^3或g/m^3）；

m_B——混合气体中气体B的质量（kg或g）；

V——混合气体的体积（m^3）。

10.1.3　各含量表示方法间的换算

若要进行换算，则必须先了解本书“第1章　燃气流量计量基础”中“1.3气体物性参数”和“1.4主要特征方程”的相关内容，只有了解了这些内容，才能正确进行换算，这些关系的大致内容总结如下：

1）理想气体状态方程式：$pV=nRT$。

2）某气体物质的量n与气体质量m、物质的摩尔质量M之间的关系：$n=m/M$。

3）在一定温度和压力下，某气体体积V与质量m、摩尔质量M、当前温度和压力下的摩尔体积V_{mol}之间的关系：$V=V_{mol}m/M$。

4）质量分数w_B与质量浓度ρ_B的换算：$w_B=\rho_B V/(\rho V)=\rho_B/\rho$。

5）摩尔分数x_B与质量浓度ρ_B的换算：$x_B=\rho_B V_{mol}/M$。

6）物质的量浓度 c_B 与质量浓度 ρ_B 的换算：$c_B = m_B/(n_B\rho_B)$。

10.2 能量测量一般原理

在我国2008年颁布的GB/T 22723—2008《天然气能量的测定》中有明确描述燃气能量测量的一般原理，主要是指一定量气体所含能量 E 为气体量 Q 与对应发热量 H 的乘积，可直接测量能量（图10-1），也可通过气体量及其发热量计算能量（图10-2）。

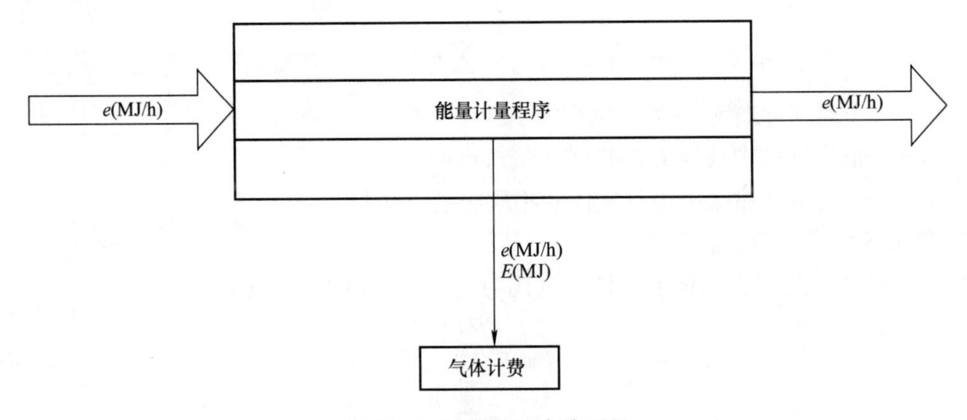

图10-1　能量计量直接测量

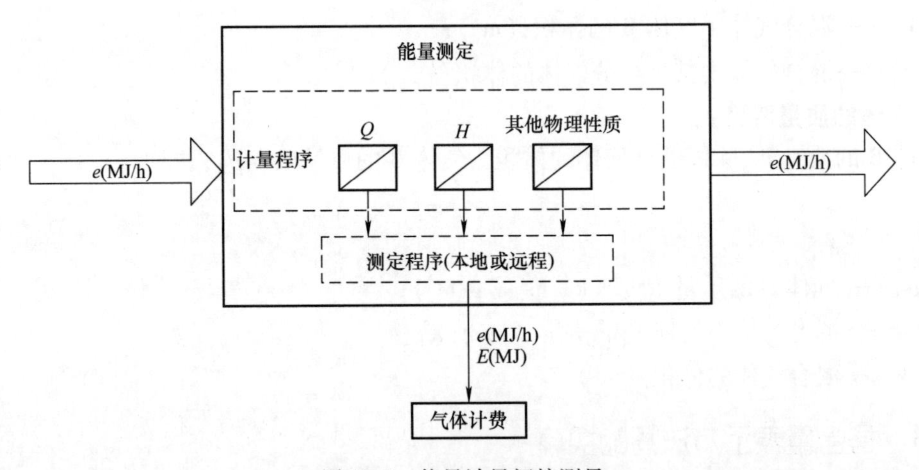

图10-2　能量计量间接测量

通常，气体的量以体积表示，其发热量则以体积为计算基准。为了能够准确地进行能量测定，应使气体体积和发热量处于同一参比条件下。能量测定既可以是连续的几组发热量和相同时间内流量乘积的累加计算，也可以是这段时间内气体的总体积与其有代表性的（赋值）发热量的乘积。

在发热量不断变化及测量流量和（有代表性的）发热量测定在不同地点进行的情况下，应考虑流量和发热量测定的时间差异而引起的对准确度的影响。气体体积可以在标准参比条件下测量，也可以在其他参比条件下测量，并以合适的体积换算方法将其换算为标准参比条件下的等量体积。在特定气体体积计量站使用的体积换算方法可能需要在其他位置上测量的气质数据。发热量可以在气体计量站测定，也可以在其他一些有代表性的地点测定，并将结果赋值给气体计量站。气体的量及其发热量也可以质量为基准表示。

10.3　热值测量与发热量计算

10.3.1　热值测量技术

燃气体积流量的计量主要通过本书第 2 章中介绍的流量计量仪表来实现，但是在发热量测量这部分就必须依赖于发热量测量系统。燃气发热量测量系统由取样系统和直接测量（如燃烧式热量计）、间接测量（如气相色谱仪）、关联技术等三种测量设备中的一种组合构成。发热量测量过程中，若要取得较高的准确度，则需要使用有代表性的样品。它取决于测量系统、操作程序、气体组成的波动和输送气体的量。其可使用连续直接取样、周期定点取样和递增（累积）取样等技术之一进行取样，所取样品既可用于在线分析，也可用于离线分析。

1. 直接测量

直接测量是以恒定流速流动的天然气在过量的空气中燃烧，所释放的能量被传递到热交换介质，并使其温度升高。气体的发热量与升高的温度直接相关。

2. 间接测量

间接测量是依据 GB/T 11062—2020 由气体组成计算发热量。应用最广泛的分析技术是气相色谱。

3. 关联技术

关联技术是利用气体的一个或多个物理性质及其与发热量之间的关系进行测定。也可使用化学计量燃烧原理。

结合以上三类热值测量技术，目前在城市燃气热值测量方面，主要使用的有水流式热量计、燃烧式热值仪、红外分析热值仪和气相色谱仪等计量分析仪表。

1）水流式热量计操作复杂，对测试环境条件要求高。

2）燃烧式热值仪可实现连续热值分析，但测试结果受燃烧喷嘴进气压力的变化影响较大。

3）红外分析热值仪用燃气体积成分计算热值，可实现快速、便携热值分析，但精度一般。

4）采用气相色谱仪测量，常用在线气相色谱仪测量天然气组成，也可用离线取样的方法，联合离线气相色谱仪测量组成，再根据每种组分的纯气体热值和含量，计算每种组分的发热量，累加在一起得到单位体积天然气的发热量，其满足计价需求精度的热值测量，但投入成本较高。

10.3.2　发热量计算

燃气为混合气体，其发热量分为高位发热量和低位发热量。高位发热量是指一定量燃气完全燃烧时放出的全部热量，包括烟气中水蒸气已凝结成水所放出的汽化潜热。而从燃气的高位发热量中扣除烟气中水蒸气的汽化潜热时，就称为燃气的低位发热量。显然，高位发热量在数值上大于低位发热量，差值为水蒸气的汽化潜热。

气体组分含量是燃气发热量测量的关键，燃气发热量计算的方法有以下两种：

1. 摩尔发热量

摩尔发热量的计算公式为

$$\overline{H^0}(t_1) = \sum_{i=1}^{n} \chi_i \overline{H_i}(t_1) \tag{10-7}$$

式中 $\overline{H^0}(t_1)$——混合气体在温度 t_1 下的理想摩尔发热量（高位或低位）(MJ/mol)；

χ_i——混合气体中组分 i 的摩尔分数；

$\overline{H_i}(t_1)$——混合气体中组分 i 的理想摩尔气体发热量（高位或低位）(MJ/mol)。

2. 质量发热量

质量发热量的计算公式为

$$\hat{H}^0(t_1) = \frac{\overline{H_i}(t_1)}{\sum_{i=1}^{n} \chi_i M_i} \tag{10-8}$$

式中 $\hat{H}^0(t_1)$——混合气体在温度 t_1 下的理想质量发热量（高位或低位）(MJ/mol)；

$\overline{H_i}(t_1)$——混合气体中组分 i 的理想摩尔气体发热量（高位或低位）(MJ/mol)；

χ_i——混合气体中组分 i 的摩尔分数；

M_i——混合气体中组分 i 的摩尔质量。

天然气的质量发热量与天然气理想气体质量发热量在数值上被看成是相等的。

10.4 能量计算及其不确定度计算

10.4.1 能量的一般计算方程

气体的能量测定是基于随时间而变化的气体流量和发热量，即分别为 $q(t)$ 和 $H(t)$。测定能量流量 $e(t)$ 的基本微分公式可以表示为

$$e(t) = H(t)q(t) \tag{10-9}$$

对于管输燃气，将一段时间内，即 t_0 到 t_n，单位时间内的能量积分得到其能量，即

$$E(t) = \int_{t_0}^{t_n} e(t)\mathrm{d}t = \int_{t_0}^{t_n} H(t)q(t)\mathrm{d}t \tag{10-10}$$

但实际过程中，将时间间隔进一步细分为 m 个单位时间段，单位时间段内的能量为流经管道的燃气体积与其单位体积发热量的乘积，贸易计量周期内全部时间段的能量求和即得到总能量。

$$E(t_n) = \int_{t_0}^{t_n} H(t)q(t)\mathrm{d}t \approx \sum_{m=1}^{n} E_m = \sum_{m=1}^{n} (H_m Q_m) \tag{10-11}$$

式中 t_n——贸易计量的时间周期（d），n 为贸易计量的时间周期序数；

$E(t_n)$——贸易计量时间周期内通过界面的燃气总能量（kJ）；

E_m——贸易计量时间周期内第 m 次测量燃气发热量期间内通过界面的燃气能量值（kJ）；

H_m——贸易计量时间周期内第 m 次燃气单位体积发热量（kJ/m^3）；

Q_m——贸易计量时间周期内第 m 次测量燃气发热量期间内通过界面的燃气在计量参比条件下的体积（m^3）。

10.4.2　不确定度计算

根据能量流量 $E(t)$ 的计算公式，推导出计算能量测定中相对标准不确定度 $u_{rel}(E)$ 的计算公式为

$$u_{rel}(E) = \sqrt{u_{rel}^2(H_s) + u_{rel}^2(Q)} \tag{10-12}$$

式中　$u_{rel}(H_s)$——高位发热量的相对标准不确定度；

$u_{rel}(Q)$——气体流量的相对标准不确定度。

计算能量不确定度时，应考虑所有已知影响因素的不确定度。

在能量测定时间段内，对能量计算所使用的积分方式也会影响计算能量的总不确定度。在体积和发热量两者均测量的气体计量站内，仅在一个很短的时间间隔内进行测量、计算能量，并在整个周期中将这些单个的能量加到一起，此时积分对总不确定度的影响相对较小。在另一个极端，当使用数月内输送的气体总体积乘以这段时间内的平均发热量来获得这段时间的能量时，则积分对总不确定度的影响可能会非常明显，尤其在整个时间段内气体使用率和实际发热量发生变化时。特别是当采用发热量赋值方法时，应考虑时间延迟对不确定度的影响。

流量、p、T 和 z 的不确定度可使用流量测量标准和压缩因子计算标准确定，作为第一级近似，单次能量计算的相对不确定度，可认为等于较长时间段内通过对小部分能量进行积分计算而得到的能量的相对不确定度（即使在计费期间）。仅在以下情况下这种近似才是适用的：

1）测量发热量的相对不确定度在测量发热量的整个范围内是恒定的。

2）测量气体量的相对不确定度在流量计的整个测量范围内是恒定的。实际上这种假设仅在流量计的部分范围内有效，有时在流量计能凭经验确定的流量范围内使用最大相对不确定度也是可以接受的。

10.5　常用热值计量仪表

天然气热值的测定原理主要有燃烧、组成分析、物性参数关联等几种。其中，常用的计量仪表有水流式热量计、燃气热值分析仪和气相色谱仪三类。基于组成分析的色谱仪可以在线连续测量，精度高，但系统投资及运行维护成本高，运行维护流程较复杂，一般在长输管线和门站应用，以及供热电厂等对热值和组成均关心的用户使用。对大量的下游工商业用户，需要选取既能准确测定热值，又安全可靠、使用简便、投资及运行维护成本低的设备。基于红外气体分析技术或物性参数关联技术的在线天然气热值仪，既可以在线连续测量，又具有使用成本低、维护简便等优势，适合于无须组成测量的用户，目前多应用于天然气气质监测以及生产工艺的控制，在天然气贸易计量中应用较少。

10.5.1 水流式热量计

水流式热量计测量热值原理是一定量的燃气试样，在恒定压力和同等温度的空气条件下完全燃烧，将燃烧后的气体生成物冷却至原先燃气温度并将燃气中含氢的组分所生成的水蒸气冷却成冷凝水，这些总的热量都由水流完全吸收下来，从而经过热量计的水量和水流温升计算出燃气的测试热值，再将测试过程中各种必须考虑的修正值换算至标准状况下的燃气热值。如此测得的燃气热值称为高位热值，也称为总热值或毛热值。高位热值减去燃气试量冷凝水量的汽化热即为该燃气的低位热值。

水流式热量计由热量计主体和标准容积瓶、湿式流量计、皮膜调压器、钟罩水封式稳压器、燃气增湿器、空气增湿器及燃烧器等组成，如图 10-3 所示。其主体是不锈钢外壳，采用 48 支 ϕ8.5mm × 0.5mm 竖管束热交换器结构，热交换器接头银焊，整体镀铬，可提高耐蚀性。

图 10-3 水流式热量计测量天然气热值装置

水流式热量计对测试环境要求较高。检定开始前，燃气增湿器、湿式气体流量计、气体稳压器内的水温应与室温达到平衡，其温差不超过 ±0.5℃。检定室内应没有热辐射影响，没有强空气对流，检定过程中室温波动不超过 ±1℃。

水流式热量计对人工操作也提出了较高的要求。测试前需要用标准容积瓶校正湿式流量计，控制和调节空气相对湿度和进出口水温差。测试时需要连续测试 3 次，并计算热值和相对极差。当相对极差大于 0.5% 时，测试结果无效，还需要重新测量。水流式热量计的分析周期通常为 10min ~ 15min，对操作人员素质要求较高，所以无法满足城市供气在线自动热值分析的要求。基于燃烧原理的水流式热量计由于操作繁杂而难以应用于日常测量。

10.5.2 燃烧式热值仪

燃烧式热值仪是应用热平衡原理测量净热值的，排气温度控制在 5℃ 范围内时可以进行稳定测量。当燃烧温度随着燃气的质量变化时，相应地调节冷空气的量被加进来。冷空气的量与测量值成比例关系，由此可计算出净热值。燃烧式热值仪可对天然气的华白数、相对密度、热值进行连续、在线的自动检测和提供控制用信号。

实际应用中，热值仪检测准确度还受到以下因素的影响：

1）根据热值仪的技术要求，燃烧喷嘴进气压力必须与热值仪本身的风压保持一致，即 400Pa，若压力偏离该值，则会使热值仪检测结果产生偏差。试验发现，燃烧喷嘴燃气进气压力的变化与热值、华白数的变化基本上成正比关系。若要确保检测结果符合热值仪测量精度 2% 的要求，则进气压力不能超过（400 ± 8）Pa。

2）用于标定热值仪的标准气则是恒定组成、恒定相对密度。而出厂燃气相对密度的波动范围很宽，也就是说，出厂燃气相对密度不可能与标准气完全一致。实际应用中发现，燃气相对密度与标准气相对密度相差越大，热值仪检测误差就越大，需要对检测结果进行修正。

3）燃烧器对进气条件提出一定要求，样品气处理效果的好坏将直接影响热值测量任务的成败；实际应用中，由于预处理系统问题出现进气喷嘴堵塞现象较多，需要进行特别维护。

10.5.3　红外分析热值仪

该类热值仪的工作原理：异种原子构成的分子在红外线波长区域具有吸收光谱，其吸收强度遵循朗伯—比尔定律。当对应某一气体特征吸收波长的光波通过被测气体时，其强度将明显减弱，强度衰减程度与该气体浓度有关，两者之间的关系遵循朗伯—比尔定律。因此，通过检测红外光吸收率的变化可以得到天然气中的甲烷等成分的体积浓度。将每种可燃气体的单位发热值乘以相应组分的体积百分数，各组数据之和即为混合气体的热值。图 10-4 所示为红外光谱检测传感器典型结构。

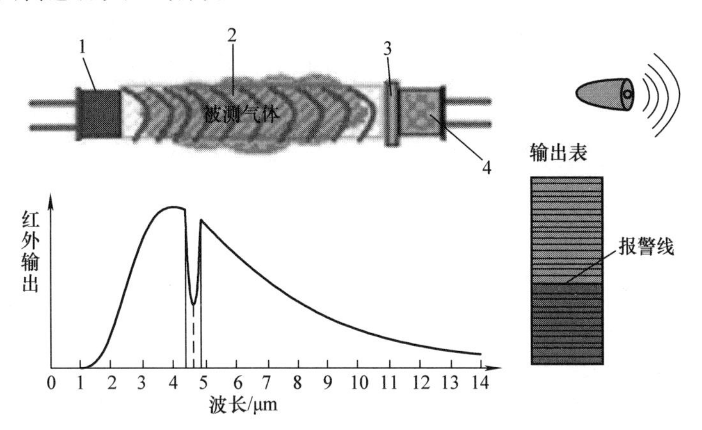

图 10-4　红外光谱检测传感器典型结构

1—红外光源　2—气室　3—滤光片　4—红外传感器

红外测量方法可得到气体体积浓度，根据可燃气体的单位热值计算得到实际热值，同时实现了成分分析和热值分析。国际标准要求，根据天然气的摩尔成分用计算方法计算天然气的热值与密度，GB/T 11062《天然气发热量、密度、相对密度和沃泊指数的计算方法》也是参照国际标准制定的国家标准。而使用体积成分计算可直接换算成摩尔成分，有利于统一天然气的按质计价标准。

与其他气体浓度测试方法（如色谱仪等）相比，红外分析还具有快速、操作简单、便携、高性价比等特点。

在实际应用中，红外分析热值仪还需要克服以下问题：

1）大多数红外分析热值仪仅以 CH_4 为测试对象，折合成碳氢化合物总量计算热值。天然气中主要成分是甲烷，还含有少量乙烷、丁烷、戊烷、二氧化碳等成分。根据红外吸收原理，乙烷等碳氢化合物在甲烷的特征波长 3.3μm 左右有明显的吸收干扰。当天然气中其他碳氢化合物含量较大时，CH_4 的测试值会明显偏大，导致热值测试不准。为避免此问题，通常采用实际天然气标准样来标定红外仪器。但当天然气气源发生变化或进行混气操作时，无法反映成分的实际变化和气源的单位热值变化，其热值测试值也无法保证精度。

2）天然气成分中除甲烷外，还含有其他可燃气成分，如乙烷等，也是天然气热值来源的重要部分。在保证 CH_4 的测试准确性条件下，同时测量 C_nH_m，计算热值，可保证热值实际测试的精确度。

10.5.4 物性关联热值分析仪

物性关联热值分析仪可在线测量天然气的高位热值。其测量原理基于物性关联，由于质量流量取决于气体组成，通过测量样品气质量流量与参考气（12T 天然气）质量流量的差异以及测量温度和压力，根据一定的映射关系通过与热值分析仪相连的计算机中的软件得到样品气热值与参考气热值的差异，最终由软件计算得到样品气热值。

图 10-5 所示为物性关联热值分析仪的工作原理。逻辑单元 1 通过阀门控制口 2 和 3，开启电磁阀 4，关闭电磁阀 5，首先进行样品气测量。样品气 q_1 进入管道，测定其温度和压力，并将温度和压力通过温度传感器 7 和压力传感器 8 输送至逻辑单元 1。样品气进入流体限流器 11，出来后进入质量流量计 12 测定质量流量，通过质量流量传感器 13 和质量流量传感器接口 14，输送至逻辑单元 1。然后关闭电磁阀 4，开启电磁阀 5，对参考气进行类似测量，输出信号也输送至逻辑单元 1。交替进行样品气与参考气的测量，依照热值与测量参数的经验公式，得到样品气的高位热值。

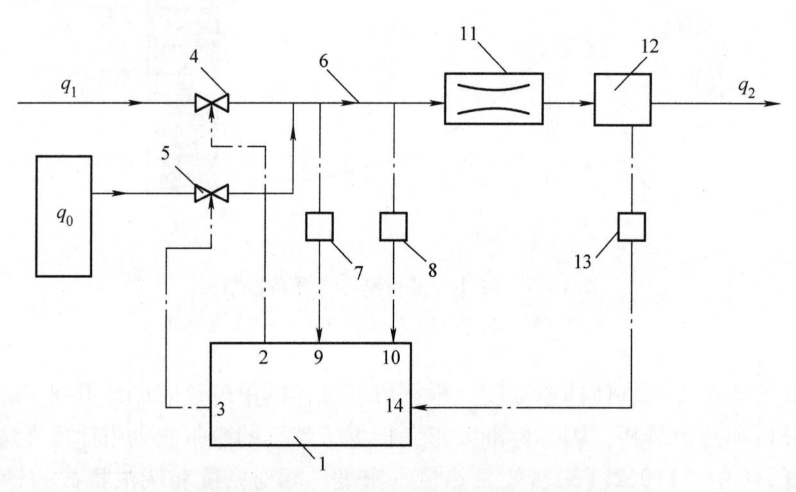

图 10-5 物性关联热值分析仪的工作原理

1—逻辑单元 2、3—阀门控制口 4、5—电磁阀 6—管道 7—温度传感器 8—压力传感器 9—温度传感器接口 10—压力传感器接口 11—流体限流器（孔口或微型喷嘴） 12—质量流量计 13—质量流量传感器 14—质量流量传感器接口 q_0—参考气 q_1—样品气 q_2—排气

10.5.5 气相色谱仪

气相色谱现象最早在 1906 年由俄国科学家首次发现，随着科学技术的不断进步，直到 1954 年热导计的发明和应用，我国才正式进入气相色谱仪科学仪器检测阶段，发展到 1960 年，我国的气相色谱仪开始大批量的实际生产，逐渐应用到国内市场。如今，气相色谱技术

在我国已经发展 60 多年，技术相对成熟，积累了大量的实验数据和操作经验。目前我国广泛使用的气相色谱仪主要有氢火焰离子化检测器（FID）、火焰光度检测器（FPD）、热导检测器（TCD）和电子捕获检测器（ECD）等，依靠气相色谱仪较为可靠的数据分析，推动了我国天然气行业的进步发展。图 10-6 所示为两种型号的气相色谱仪。

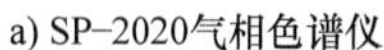
a) SP−2020气相色谱仪

b) SP−3420A气相色谱仪

图 10-6　两种型号的气相色谱仪

气相色谱仪是一种多组分混合物的分离、分析工具，它是以气体为流动相，采用冲洗法的柱色谱技术。当自动制样进样装置将多组分的分析物质推入到色谱柱时，由于各组分在色谱柱中的气相和固定液液相间的分配系数不同，因此各组分在色谱柱的运行速度也就不同。经过一定的柱长后，顺序离开色谱柱进入检测器，经检测后转换为电信号送至数据处理工作站，从而完成了对被测物质全自动的定性定量分析。

气相色谱仪的发展基础依靠于气相色谱原理和检测工序的互相结合。它主要可完成气体组分浓度的测定、气体混合物的分离等数据分析工作。气相色谱仪的结构如图 10-7 所示。

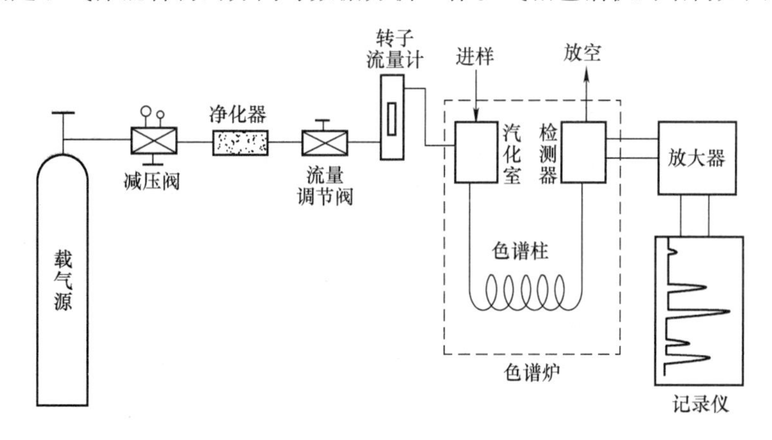

图 10-7　气相色谱仪的结构

气相色谱法是指用气体作为流动相的色谱法。由于样品在气相中传递速度快，所以样品组分在流动相和固定相之间可以瞬间地达到平衡，另外可选作固定相的物质很多，因此气相色谱法是一个分析速度快和分离效率高的分离分析方法。近年来，采用了高灵敏选择性检测器，使得它又具有了分析灵敏度高、应用范围广等优点。气相色谱仪是利用十通阀和六通阀的相对控制，从而把控整个进液过程，实现对气体组成成分的分析。在气相色谱仪内设有多个独立的分离系统，可保证在进行分析、分离的整个过程中，不发生反应，不相互干扰，保证了分析过程的独立性。简单地说，气相色谱仪内部将气体分析过程分为了三路，记为A、B、C三个分路系统。其中，A、B两路主要负责对天然气中He、CH_4、O_2、H_2、N_2、CO_2及C_nH_m等气体成分进行分离处理，C路主要实现对空气中烃类组分进行分离处理。在进行实际操作之前，十通阀和六通阀都要保证在进行取样的状态。一旦正式开始进入取样阶段，十通阀就会保持持续地进样；但在十通阀开始进样的过程中，六通阀依旧保持在原始的取样状态。随着样品进样，B路的分离系统就会分离出上述描绘的气体组成成分，并将分离出的相关气体，进行集中的TCD检测，这个过程一直持续到甲烷能够完全分离出来。此时改变六通阀的连通状态，待样品顺利进入管路之后，将甲烷等组分进行TCD数据检测，稍后即可开启系统的升温装置，使得另一部分样品进入毛细管中，利用升温将其中的烃类组分分离，分离完成后进行FID检测。所有的样品进样完成，检测完毕之后，将十通阀和六通阀全部调至原始的取样状态，等待一定时间，直至气相色谱仪数据稳定后，再进行下一样品的组分分析。

气相色谱仪在使用过程中存在以下的局限：

1）在使用范围上有一定的局限。相对来说，气相色谱仪在相对分子质量较小的气体组分中分析出来的结果更加准确，因此气相色谱仪在相对分子质量较小的气体组分中得到广泛应用。

2）如果气体在色谱柱的柱温环境中，就会影响分离结果，不能出现气体成分挥发和分离的现象。

3）相对分子质量较大的气体成分在进行组分分析的过程中，气相色谱仪的安装位置要有所调整，安装位置要离天然气气体较近，尽量缩短装置与天然气之间的距离，以消除检测分析结果的滞后性，消除影响准确结果的因素。

4）气相色谱仪的配套设备对环境条件也有一定的要求。其中氢火焰离子化检测器只能对气体成分电离之后的碳氢化合物进行检测分析，因此在进行仪器选择时，要根据各个仪器的应用特点进行配套使用。例如，工作人员可以利用氢火焰离子结合甲烷转换器对有机物进行检测分析。对碱性化合物气体成分检测时，要提高装置对碱性化合物的灵敏度，扩大检测区域，增加线性范围。

5）使用气相色谱仪后，工作人员要具有仪器维护意识，并确定时间进行定时的检修和保养，最大限度地保证仪器的正常使用，延长仪器的使用寿命。定期进行专业化的保养和维修，也能够使得仪器具有更高的灵敏度，数据结果更加稳定、可靠、准确。

气相色谱仪使用寿命长，保持有灵活性，适应力极强，既能配合其他仪器共同使用，又能在单独使用中表现出出色的性能，有效地保证了天然气气体组分分析结果的精准性和稳定性。它可在线连续测量，也可离线实验室测量，精度高，投资成本高，运行维护复杂，一般在长输管线、门站或电厂等重点用户应用。

10.6 热值计量仪表的量传

气体标准物质对热值测量非常重要，我国在2012年实施了JJF 1344—2012《气体标准物质研制（生产）通用技术要求》，对天然气能量计量起到了关键作用。同时，热值计量仪表中的水流式热量计及气相色谱仪等均有相应的国家检定规程，并对其溯源性有明确的要求，但是红外分析热值仪、燃烧式热值仪等除了个别有地方检定规程外，国家在此方面仍缺失相应的标准规范。以下相关标准规范是我国对热值计量仪表的量传的一些要求，可供参考。

1. JJF 1344—2012《气体标准物质研制（生产）通用技术要求》

该规范规定了气体标准物质的制备、均匀性和稳定性评估、定值、比对验证、不确定度评定、包装与贮存、证书与标签制作等通用技术要求，适用于气瓶包装的一级、二级气体标准物质的研制（生产）工作。

2. JJG 412—2005《水流型气体热量计检定规程》

该规程适用于测量燃气热值范围为 8370kJ/m^3 ~62800kJ/m^3 水流型气体热量计的首次检定、后续检定和使用中检验，型式评价或样机试验中有关计量性能的要求及试验方法也可参照使用。检定周期一般不超过 1 年。

3. JJG（粤）033—2017《便携式傅立叶红外气体分析仪检定规程》

便携式傅立叶红外气体分析仪是根据气体分子振动对红外辐射产生吸收的特点，利用迈克尔逊干涉仪的测量原理和傅立叶变换的方法对气体进行定量分析的仪器。仪器一般由采样气路、参比气路、测量光路和数据处理终端组成。

该规程适用于便携式傅立叶红外气体分析仪的首次检定、后续检定和使用中检查。仪器的检定周期一般不超过 1 年。如果对仪器的测量结果有怀疑或仪器修理后应及时送检，按首次检定进行检定。

4. JJG 700—2016《气相色谱仪检定规程》

该规程适用于配有热导检测器（TCD）、火焰离子化检测器（FID）、火焰光度检测器（FPD）、电子捕获检测器（ECD）、氮磷检测器（NPD）的气相色谱仪的首次检定、后续检定和使用中检查。气相色谱仪的检定周期一般不超过 2 年。

参考文献

[1] 杨有涛，徐英华，王子钢．气体流量计［M］．北京：中国计量出版社，2007.

[2] 苏彦勋，梁国伟，盛健．流量计量与测试［M］．2 版．北京：中国计量出版社，2007.

[3] 马志荣，王智深，赵文峰．燃气计量［M］．北京：石油工业出版社，2020.

[4] 邓立三．燃气计量［M］．郑州：黄河水利出版社，2011.

[5] 叶德培，黄耀文，丁跃清，等．一级注册计量师基础知识及专业实务［M］．北京：中国质检出版社，2017.

[6] 杨有涛．膜式燃气表［M］．北京：中国计量出版社，2006.

[7] 王自和，范砧．气体流量标准装置［M］．2 版．北京：中国计量出版社，2005.

[8] 吴九辅．流量检测［M］．北京：石油工业出版社，2006.

[9] 梁国伟，蔡武昌．流量测量技术及仪表［M］．北京：机械工业出版社，2002.

[10] 蔡武昌，应启戛．新型流量检测仪表［M］．北京：化学工业出版社，2006.

[11] 张华，赵文柱．热工测量仪表［M］．北京：冶金工业出版社，2006.

[12] 纪纲．流量测量仪表应用技巧［M］．北京：化学工业出版社，2003.

[13] 徐英华，杨有涛．流量及分析仪表［M］．北京：中国计量出版社，2008.

[14] 苏彦勋，李金海．流量计量［M］．北京：中国计量出版社，1991.

[15] 王池．流量测量不确定度分析［M］．北京：中国计量出版社，2002.

[16] 孙喜荣，秦宇，王亚军，等．天然气热值直接测量技术发展研究［J］．计量技术，2015（7）：12 - 16.

[17] 王春梅．浙江省省级天然气管网能量计量的可行性［J］．煤气与热力，2018，38（6）：86 - 88.

[18] 仝鑫．气相色谱仪在天然气组分分析中的应用［J］．化工管理，2020（12）：B102 - B103.

[19] 全国法制计量管理计量技术委员会．通用计量术语及定义：JJF 1001—2011［S］．北京：中国质检出版社，2012.

[20] 全国流量容量计量技术委员会．流量计量名词术语及定义：JJF 1004—2004［S］．北京：中国计量出版社，2005.

[21] 全国温度计量技术委员会．温度计量名词术语及定义：JJF 1007—2007［S］．北京：中国计量出版社，2008.

[22] 全国压力计量技术委员会．压力计量名词术语及定义：JJF 1008—2008［S］．北京：中国质检出版社，2008.

[23] 全国法制计量管理计量技术委员会．计量标准考核规范：JJF 1033—2016［S］．北京：中国质检出版社，2016.

[24] 全国法制计量管理计量技术委员会．法定计量检定机构考核规范：JJF 1069—2012［S］．北京：中国质检出版社，2012.

[25] 全国流量计量技术委员会．气体流量计量器具检定系统表：JJG 2064—2017［S］．北京：中国质检出版社，2017.

[26] 全国计量管理计量技术委员会．国家计量检定系统表编写规则：JJF 1104—2003［S］．北京：中国计量出版社，2004.

[27] 全国法制计量管理计量技术委员会．计量标准命名与分类编码：JJF 1022—2014［S］．北京：中国质检出版社，2014.

[28] 全国法制计量技术委员会．测量仪器特性评定：JJF 1094—2002［S］．北京：中国计量出版社，2002.

［29］全国法制计量管理计量技术委员会．测量不确定度评定与表示：JJF 1059.1—2012［S］．北京：中国质检出版社，2013.

［30］全国法制计量管理计量技术委员会．用蒙特卡洛法评定测量不确定度技术规范：JJF 1059.2—2012［S］．北京：中国质检出版社，2013.

［31］全国天然气标准化技术委员会．天然气标准参比条件：GB/T 19205—2008［S］．北京：中国标准出版社，2009.

［32］全国天然气标准化技术委员会．天然气压缩因子的计算　第1部分：导论和指南：GB/T 17747.1—2011［S］．北京：中国标准出版社，2012.

［33］全国天然气标准化技术委员会．天然气能量的测定：GB/T 22723—2008［S］．北京：中国标准出版社，2009.

［34］全国石油天然气标准化技术委员会．天然气计量系统技术要求：GB/T 18603—2014［S］．北京：中国标准出版社，2015.

［35］全国天然气标准化技术委员会．天然气的组成分析　气相色谱法：GB/T 13610—2020［S］．北京：中国标准出版社，2020.

［36］全国天然气标准化技术委员会．天然气发热量、密度、相对密度和沃泊指数的计算方法：GB/T 11062—2020［S］．北京：中国标准出版社，2020.

［37］全国标准物质计量技术委员会．气体标准物质研制（生产）通用技术要求：JJF 1344—2012［S］．北京：中国质检出版社，2012.

［38］全国流量容量计量技术委员会．标准表法流量标准装置检定规程：JJG 643—2003［S］．北京：中国计量出版社，2004.

［39］全国流量容量计量技术委员会．临界流文丘里喷嘴检定规程：JJG 620—2008［S］．北京：中国质检出版社，2008.

［40］全国流量容量计量技术委员会．临界流文丘里喷嘴法气体流量标准装置校准规范：JJF 1240—2010［S］．北京：中国质检出版社，2010.

［41］全国温度计量技术委员会．温度变送器校准规范：JJF 1183—2007［S］．北京：中国计量出版社，2008.

［42］全国压力计量技术委员会．压力变送器检定规程：JJG 882—2019［S］．北京：中国标准出版社，2020.

［43］全国流量容量计量技术委员会．膜式燃气表检定规程：JJG 577—2012［S］．北京：中国质检出版社，2013.

［44］全国流量容量计量技术委员会．气体容积式流量计检定规程：JJG 633—2005［S］．北京：中国计量出版社，2005.

［45］全国流量容量计量技术委员会．涡轮流量计检定规程：JJG 1037—2008［S］．北京：中国质检出版社，2008.

［46］全国流量容量计量技术委员会．超声流量计检定规程：JJG 1030—2007［S］．北京：中国质检出版社，2007.

［47］全国流量容量计量技术委员会．热式气体质量流量计检定规程：JJG 1132—2017［S］．北京：中国质检出版社，2017.

［48］全国流量容量计量技术委员会．差压式流量计检定规程：JJG 640—2016［S］．北京：中国标准出版社，2016.

［49］全国物理化学计量技术委员会．水流型气体热量计检定规程：JJG 412—2005［S］．北京：中国计量出版社，2006.

［50］全国物理化学计量技术委员会．气相色谱仪检定规程：JJG 700—2016［S］．北京：中国质检出版

社，2016.

[51] 北京市质量技术监督局．燃气流量计体积修正仪校准规范：JJF（京）53—2018 [S]．北京：中国质检出版社，2018.

[52] 上海市质量技术监督局．超声波燃气表检定规程：JJG（沪）55—2016 [S]．北京：中国质检出版社，2016.

[53] 北京市市场监督管理局．热式燃气表检定规程：JJG（京）3010—2020 [S]．北京：中国质检出版社，2020.

[54] 广东省质量技术监督局．便携式傅立叶红外气体分析仪检定规程：JJG（粤）033—2017 [S]．北京：中国质检出版社，2017.